巨石文化

解读艺术的秘密

精神与诠释

段守虹 著

陕西出版传媒集团
陕西人民美术出版社

艺术找到它最初的归宿，就是那个充满伟大力量的巨石时代……

由戈雅的一幅绘画说起（代前言）

西班牙大画家弗朗西斯·戈雅的《巨人》一画无疑可以很好地作为本书的开始，画面上充满着恐惧的张力，这是一种莫名其妙的生之恐惧，“他”要做什么，或者说这个巨人想要什么，在思考什么，都会成为人类最初的生存恐惧的根源。巨大就是一种恐惧，天、地、自然，开阔的空间和穿行其间的风雨雷电、地震火山，无法预知的奇特现象，一旦人类进入了文化自觉意识状态——新石器文化时期，所赖以生存的自然界就不再是原来的那个蒙昧的旧石器时代的“伊甸园”，他们要用生存中积蓄的激情来寻求内心表达。从远古先民遗留下来的众多遗迹来看，其精神观念很多也是今天人们所不能理解的。就我们目前所看到的，令人惊叹的石器时代或早期青铜时代的创造来说，他们的动力来自何处很值得深思。但就对巨石建筑的创造而言，今天的我们依然是难以想象的。

考察巨石建筑的遗存，无不令人吃惊，这样的巨石景观是经过数千年之后，我们看到的史前先民唯一保存下来的巨型作品形式。巨石建筑作为文化现象，可以说是被巫术化的艺术，以现今的观点来说是被艺术化了的原始宗教。用一种形式语言结构创造出梦幻般的现实生活，这一定是精神的巨大需求。人类艺术发生发展的基础，是其在逐渐掌握了强有力的语言表达系统之后，未必是单指一种表意的图案或文字的体系。精神或艺术语言的传达可以广泛地借助于它独有的构造方式。

作为人类这个物种，在久远以前，语言形式同艺术方式几乎有着相等的功能，起着沟通与确立自信的价值。从新石器时期到青铜时代早期的巨石文化阶段，史前先民为驱散自然威力造成的心理恐惧阴影

与自身文化积累形成的思考，应该做过极大的努力，这将成为我们最感兴趣的人生价值问题。人类的生存恐惧感，这人性中最初的脆弱驱使先民伟大的文化创造。从当代的视角来看，史前先民之所以像一位力大无穷的创造者，成就为一个巨人，它的造就也许不只是源于内心的自觉意识的觉醒，而是来自自然环境条件的激发，又是什么机制在一片沙漠上或大洋中的弹丸小岛成就人类的奇迹，多年以后到来的考察者许久以来都在它的面前沉思了，找到的答案都不是唯一的解答，巨石长久地沉默着。

这里暂且如此说罢，因为在很多的遗址上，我们还会发现更多的困惑。就此面对今天的人们，这是精神还在酣睡，还是精神仍在困顿?

〔西〕戈雅《巨人》

目 录

由戈雅的一幅绘画说起（代前言）

神话传说与存在的传奇

对太阳崇拜的远古遗存

对人自身超能力的验证

史前先民的审美与娱神

“艺术”的最高表现形式

神话传说与存在的传奇

导语

石器时代的巨石时期可以说是人类史前文化的一个奇特的高峰，它以沉重巨大的石头景观震慑着人们的心灵，是什么样的精神动力驱使他们建造如此宏大的建筑，这是一个令人着迷的话题。这样的热情与激情可以被称为艺术吗？其实艺术的一个重要的功能就是满足主观与情感的需要，借此宣泄内心的欲望与情绪，与心灵的感觉直接相关，以此来说那些久远的巨石建筑是可以被视为艺术品了。而艺术的外延却很难界定，它可能与饮食有关，也可能与娱乐相关，也可能与宗教相关。如果说史前先民耗费精力大规模地建造数量巨大的单纯观赏品，只为后人惊叹他们的技艺，这只能被认作是天方夜谭的空想。这一切反映了远古先民们什么样的情感因素与心理动机呢？

有关西西弗斯神话

神话的产生可以说是人类精神经历的曲折投射，而由此被生动刻画的场景，即是过往的真实存在。在希腊的神话中有一个人物西西弗斯，众神因为他的过错，惩罚他不断地向山顶推动巨石，也许这个意念就是后世宗教中人类原罪观念的初始。考古发现证明，史前先民们曾经在很长的时间里搬运巨石。如果剔除神话故事传说中人为赋予的伦理道德观念和因此演绎的事情，我们看到的就是一幅人在推动巨石的图像。在那样一个久远的时代，推动巨石能达到什么样的精神高度，建立起何等的观念？我们虽不能解释清楚，但似乎也看到人类往昔的一个伟大时代。

这个时代精神的坚韧与体力的巨大付出，换来的是智慧思考的硕果。从神话中可以知道西西弗斯的劳动经常化为乌有，每当他就要把巨石推上山顶之时，过于沉重的石头又从山顶滚落到了山下，于是他周而复始，苦闷地不断地重复着自己的劳动。这一切原本是为了什么？

西西弗斯在雕塑家罗丹的艺术观念中只是一个哲学化的象征

〔法〕罗丹《西西弗斯》

从目前世界上遗存的巨石建筑上，会直观地感受到史前先民在推动巨石的过程中，从“西西弗斯”的苦闷脆弱过渡为精神强悍。

古代先民的支石

从这个关于西西弗斯的神话中，透出一种远古的神韵，古代先民与巨大的石头打交道，是一项艰苦的工作，而且与神明相关。这个无休止的苦役自然影响到心理状态，这就涉及精神问题了。把西西弗斯比喻为人类的象征，这群“西西弗斯”在感受了身处大自然的风雨雷电中的孤独，或者说有些荒诞的心理氛围中，这群渐趋理智的生物要思考，要在这艰难繁衍的生命过程中发现一些新的存在意义，才是他们所急需的。这对于史前先民来说有着极为重要的生命价值。处在原始社会的人们，宗教感情绝不会从快乐恬淡的情趣中产生，一定是人们的生活遇到了前所未有的精神危机才会诱发宗教信仰的发生，并以这种信仰来消解莫名的恐慌，排遣焦虑的心绪。而这种精神力量所产生的巨大势能将以前所未有的形式释放出来，形成本书所着重提到的“巨石时期”，成为数千年后震慑人心的艺术景观。

现代心理学对人类精神的研究表明，人类对自己制造的虚幻理想的追求，往往可以造就超越时代的智慧，此时文化被赋予了白日梦特色，用物质形式的“不可能”寻求使精神重负得到缓释。这里表现的不是

英国的斯通亨治巨石圈所代表的是典型的“巨石时期”的建造物

妄想、冥想，而是寄托给一个并非有实际生活的目的，而这个目的往往又关乎人类存在的意义，所以说人类的白日梦情结，也许就是人类文化的滥觞。以古埃及最大的金字塔来举例，它146米高，顶端的那块砂岩来自岩层的深处，曾经放置在那样的高度上，如果抽去它以下这堆巨大的石块，它就是一个奇迹，会成为我们今天的白日梦。然而整堆金字塔的石块数千年来就在那里堆放着，成为先民们对神明的白日梦，成为他们生活存在的全部。在这样的精神基础上，我们看它时，几乎就是一个历史上无法破解的梦魇，因为时间隐藏了它曾拥有的精神动力的部分。

然而谈论巨石建造的美学特征，探究审视它初建之时的文化心理，应该是一个相当有趣的哲学话题。巨石文化与祭祀形式密不可分，这一点从旧石器时代人类居住的洞穴壁画中，或者山崖的崖壁上都有直接的反映，尽管这是不能移动的物体，也可以归为巨石文化现象的一种，因为人类在精神上把它列为被赋予的归属性，当涂画上所需要的形式，就会为所预想的场景发生改变，成为**我的“异度空间”（背景链接一）**。

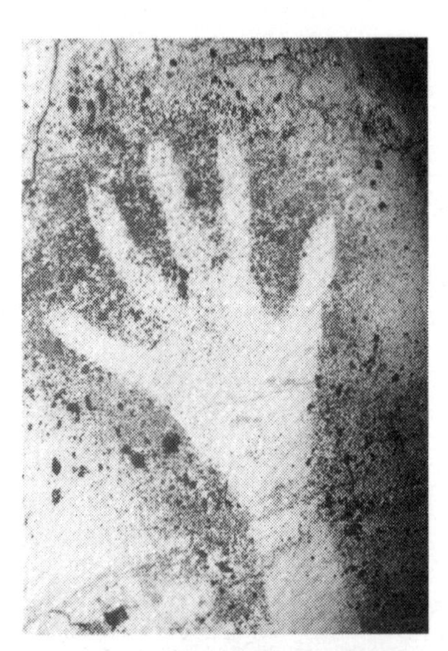

手印比模仿造型出现要早，经常出现在动物形象附近，是巫术活动中一种控制力量的表现。手印中阳纹少，阴纹多，左手多，右手少，可能是因为制作方便的缘故

原始的人们在洞穴的石壁上用矿物涂料绘制出粗糙的野兽形象，绝对不是因为单纯的审美观念，一定是与精神和生活现实相联系的，例如巫术。因为人类与野兽中的掠食者相比，内心中生出更多怯懦，这也是精神的一部分。在岩壁前复制兽群奔跑的场面，面对篝火上烧烤着肉食的同时舞蹈，吹奏起发出声响的骨哨。

阿尔塔米拉洞窟壁画

阿尔塔米拉洞位于西班牙北部的坎塔布里亚地区，洞内有距今14000年前的史前人类绘画，属于旧石器时代晚期的遗迹。该洞窟长约270米，大部分壁画分布在长18米的侧洞的顶和壁上，150多幅壁画集中在长18米、宽9米入口处。洞内有史前人休息及烧烤食物的石灶，灶底余烬痕迹清晰可辨。最早的绘画是手指并排画在潮湿壁面上的痕迹，洞中还曾发现作画时照明用的石灯。洞顶和洞壁多是简单风景草图和分散的动物画像，创作者巧妙利用岩洞内凹凸不平的墙壁表现动物的形态，产生出惊人的艺术效果。画的边缘都有线条状的刻痕，沿刻痕是黑色的线条，再用红色和黑色等颜料着色。绘画手法粗犷和重彩，由于这些绘画艺术高超，保存完好，最初学术界不认同是原始人的作品，至 1902 年才获承认。洞中还有镌刻的人物形象、手轮廓图形以及一些至今没能破译的符号。壁画内容可能与原始人祈求狩猎成功的巫术活动有关。

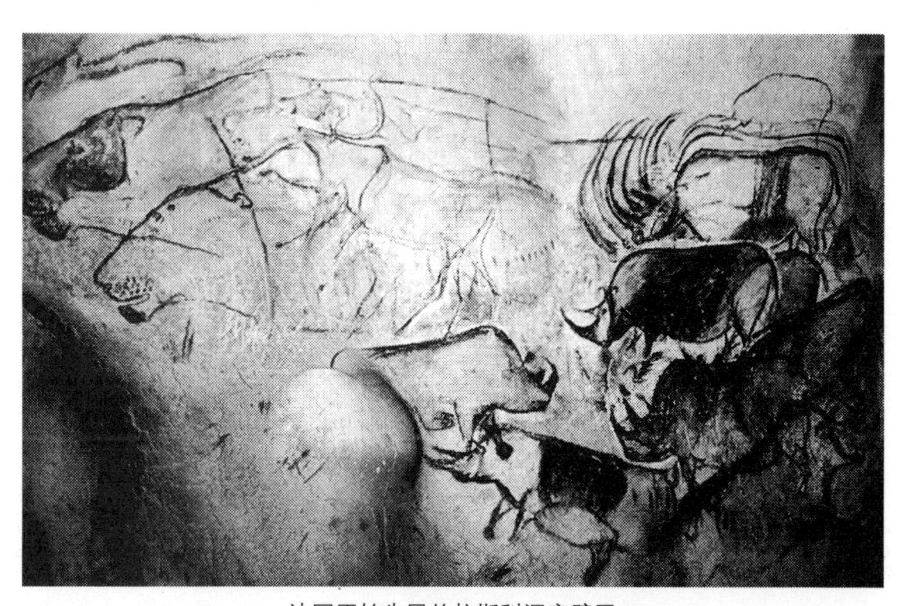
法国原始先民的拉斯科洞窟壁画

史前先民可以制造出奇特频率的乐器，对动物与人的精神心理给予刺激，令野兽的运动反应迟缓，或出现幻视。现在仍不明了这种声音是如何被认识的，这种巫术在多大程度上切入了先民们的生活，我们不得而知了，也许它的功用就已经带有了神明的徽记。

它可以令精神协调而亢奋，最基本的一点是激励生活的勇气，也为自身文化的积淀又迈出了一步，我们看到了遗留下来的巨石上精美的图画。这样的绘画被现代人发现时，几乎不能令人相信这就是史前先民们的创作，就是现代艺术家们有此绘画，也应该被冠以精美绝伦。这一切来自哪里？在精神与存在转化为表现的过程中，很难看到时间的痕迹，在这里看不到过去与将来，从性质上显露出永恒的特征。

宗教神明的意义被最初确立，都是来自于生存环境对人类生活的不断影响，人们始终会坚定地这样认为。其实某一种突然出现的现象，更会引起人们的极大关注，这种注意力的集中，更是对神明认定的先决条件，这就使它具有白日梦的色彩。看到火山的突然喷发，远远面对数千米高的灰尘烟柱，会成为史前先民“天梯”神话的素材吗？当所有感性认识被概括为抽象的概念时，才有清晰的神明崇拜心理产生。如果一位外太空人突然地降临到原始人面前的石头上，这之后的很长时间里，使这一现象经过与他们熟悉的自然物的漫长融合，才能使之成为他们生活中固定膜拜的神祇，成为不

火山喷发的场景

自然界存在的天然地质景观，也无时无刻不诱发着人类的宗教情感

可或缺的精神动力之源。对巨石的利用或开发，也绝不止于对生活材料的一种使用，石材这种特性坚实的材料，就会成为精神物化的一种直接表现形式！其中所蕴含的文化力量应该是相当广泛的，巫术涉及的方方面面几乎都可以从石头文化现象中体现出来。

关于一个时代的界定及延伸思考

从目前人类可以勘查到的史前先民文化遗址上，仍有大面积的巨石文化遗存，分布范围也十分广泛。欧洲、亚洲、非洲、美洲、大洋洲等各地都发现有新石器时代至青铜时代的巨石崇拜遗迹。此处所讲的巨石文化，有特定的专指，这就是人类由新石器时期转入青铜时期早期这一个历史阶段。各个地方人类的文化进步并不是同步的，所以，在时间概念上就缺乏一致性，不同地域里，巨石文化之间会相距数千年的时间。

巨石时代创造的宏伟景观，大多来自石质工具与青铜工具混用时期，这里没有时间上的特定规范，不论是一万年前还是五千年前，或者说是一千年前，都有可能遗留下巨石形式建造的建筑。另一方面，这一时期最典型的文化特征是以巨石的形象出现，而且对后世的文化

发展起着不可忽视的作用，足可以把其称为巨石时代。巨石时代的上限可以界定为，从石质工具与青铜工具混用时期向前推，只要出现巨石建造物，就可以归为巨石时代，或者说史前巨石时代，因为它代表着那个时代的文化高峰。史前先民并没有用巨石建筑的功能性来满足人类自身实际生存的需要，在那样一个蛮荒时代，这是不可想象的。人类的巨石建造以一种超自然的伟力，象征着人类的生命和精神观念，同样难以想象的是巨石建造的精神性超越了它的实用功利性。

移动巨石蕴含着史前先民精神上的巨大意义

以我们目前的生活视角很难找到比对它的角度。粗略说来，其本质无外乎反映史前先民对自身和世界的认识，并且一直在寻求证实自我价值的方法，达到他们认可的与天地神明沟通的最佳状态。审视先民的巨石文化现象，都带有十分强烈的表现意念，然而更为深刻的“哲学”意念和与此相关的内心焦虑如何排解，对巨石的“安排”就是他们认定的一个现实，用对巨大事物的征服来显示人类不同于其他物种。

巨石建造的发展是伴随着史前先民的原始宗教观念的发生而出现的。在此之前，旧石器时代人类的巫术观念主要表现为对自身繁殖力的渴求和面对死亡的畏缩，也反映出对自然力的恐惧。唤起内心中与生俱来的虔诚心态，这就是宗教感情的丰厚基础。而巨石时代人类的宗教精神则表现出对生命永恒的祈求，体现为对死亡现象的超越，向神表明恭顺敬服的仪式，其中就包含强烈的娱神功能。正是通过这种强烈的对超自然生命意识的膜拜，史前先民的巨石建造因而确立了自身的价值与意义。不同形式的巨石建造所营造和渲染出的各种空间构成的艺术氛围，使之具有一种超越自然的、赋予生命永恒的感觉。远古先民借助对天然巨石的移动，赋予自我以自然力的象征，显示极强的宗教精神的神圣，用以震慑人内心中对自然伟力的惊恐和畏惧。

史前先民以超越自身能力的巨大热情，切割、搬运、打磨、垒砌石块，这是人对宇宙世界认识上的自觉行为，它和宗教精神紧密联系在一起，体现为精神观念的极端形式。把人内心积蓄的巨大能量物化得惊心动魄，形成了伟大的艺术风格。我们的这种认识，或者说是被先民艺术的强悍精神所召唤，或者说是被来自自然精神的鼓动而形成的崇高感受。

对现代艺术中各种形式的**表现主义**（**背景链接二**）的深层研究（此处泛指不以客观再现现实浮光掠影者），悉称为表现主义的都可能发现这样一种共同

史前人巨石建造的石棚

背景链接二：表现主义

挪威画家蒙克被认为是现代表现主义艺术的鼻祖

〔挪〕蒙克《呐喊》

表现主义是20世纪初流行于法国、德国、奥地利、俄罗斯和北欧的文学艺术流派，后来发展到音乐、电影、诗歌、小说、戏剧、建筑等领域。

虽然表现主义这个词被用来描述一个特定的艺术风格，但是事实上并不存在一个被称为“表现主义”的运动。表现主义是艺术家通过作品着重表现内心情感，而忽视对描写对象形式的摹写，主要表现为对现实的扭曲和抽象化，尤其用来表达恐惧的情感。一般来说，表现主义仅限于20世纪的作品。广义地说，表现主义是指任何表现内心情感的艺术。虽然说所有的艺术品都表现艺术家的感情，但是有些作品尤其强调和表达艺术家的内心感受。在社会思潮动荡的时期这样的作品表现得更为突出。16世纪的西班牙画家格列柯的艺术就与20世纪的表现主义作品有惊人的相似之处，但是他在美术史上被称作样式主义。在表现主义形成的过程中，尼采的学说起到了至关重要的作用。他在其著作《悲剧的诞生》中，将艺术分为两类，阿波罗式的艺术是理智、秩序、规则和文雅的艺术，狄俄尼索斯式的艺术则是疯狂、混乱和粗野的艺术。阿波罗式的艺术代表着理智的理想，而狄俄尼索斯式的艺术则来自于人的潜意识。这两种艺术形式互不相容，又无法区分。尼采认为任何艺术作品都包含这两种形式。表现主义艺术的基本特征是狄俄尼索斯式的：鲜艳的色彩、扭曲的形式、绘画技巧上的漫不经心、平面、缺乏透视、基于感觉。

其实表现主义的一个最典型的表现是自觉遵循内心的感觉方式。

的现象，在他们的内心，往往把自己夸大为世界的创造者，或者使人的精神依附于更为夸张的描绘，以期建立强大的“自我”，抵消外部世界的压力。这倒并不是因为某个人的自负，而是来自此类人群敏感而脆弱的内心感受。列举艺术家们异常自命不凡的种种表现，就个体而言，是潜意识状态下人的精神对现实的孤立免于崩溃的自我调试，这是可以从心理学上找到充分论证的。史前先民在探究心灵表达时，无意中踏进了表现主义的行为模式也未可知，但是他们表达的精神更加深厚，建造起的“艺术体系”更加难以被毁坏。将现代生存状态与文化精神共同作用而产生的艺术作品与远古创造两者交叉认知，对那个遥远的巨石文化时代的了解，对现代艺术本质的体验，或许会得到一些不一样的结果。

最古老的图腾

远古先民确认自身价值的唯一方法，就是要不断超越自身能力极限，即获得所崇拜神祇的眷顾，具备超越自身的能力，这是接近于神明的创造了。尽管这样的想法有些亵渎敬畏之心，但是人类还是这样做了。古巴比伦人最初称“巴别”通天塔为“埃特曼南基”，意为“天地的基本住所”或者称为“天神踏脚的地方”。这又是一个关乎很巨大的观念，关于建造通天塔的传说和各种记载纷繁庞杂，是建造成了还是没有建造起来，这都无关紧要，

欧洲的史前巨石建筑

有一点完全可以断定，它是史前先民的一个终极梦想。它是一件大地作品，也是一件表现主义的典型构想，用情感修改了天与地的观念结构。

其实，人在确认神明的观念时，隐藏在潜意识中的状态就是建造自我的主体位置，如何来包装它，或者说怎样来解释人类的这一自我观念，使它具有存在的合理性，图腾即它的外包装，成为一种表明人类卓越的标志性的护身符。

图腾一词来源于印第安语“totem”，意思为“它的亲属”或“它的标记”。在原始人信仰中，认为本氏族人都源于某种特定的物种，大多数情况下，被认为与某种动植物或非生物等具有亲缘关系，是人类历史上最早的一种文化现象。图腾标志在原始社会中起着重要的作用，它是最早的社会组织标志和象征。它具有团结群体、密切血缘关系、维系社会组织和与其他族群互相区别的职能。图腾信仰与祖先崇拜发生了关系，相信他们有一种超自然力，会保护自己，并且还可以获得他们的力量和技能。

最典型的是人以神的意志的名义，做了一个更为大胆的梦想，神与人类交合生了半人半神的英雄们，或者他们本身就具有神性的人类首领，由他们创造出诸多的世间奇迹，这样的说法在世界范围内普遍存在着。这些了不起的英雄们有巨人般的力量，古希腊神话中

至今保留的非洲图腾遗存与AK-47并存

力大无比的安泰就是一个典型，**他们的出现源自人类对自然环境的梦幻（背景链接三）**。中国的黄帝，这个半人半神的人物，他建有巨大的天梯，“有木，青叶紫茎，玄华黄实，名曰建木，百仞无枝……大皞爰过，黄帝所为”。（《山海经·海内经》），很难说他种植的是树木还是修建的建筑物。《淮南子·形训》说得更为神奇：“建木在都广，众帝所自上下。日中无景，呼而无响，盖天地之中也。”传说建木是沟通天地人神的桥梁，通过这一神圣的“梯子”上下往来于人间天上。“……建木之下，日中无影，呼而无响，盖天地之中也。”（《吕氏春秋·有始》）

从这件非洲的酒杯上也可以感受到酒精与性，与精神的迷幻的快感联系在了一起

从《吕氏春秋·有始》记述天地之中的状况，直观地使我们意会到这是致幻中的感觉。《圣经》也记载了雅各布在梦中看见天使们通过一架通天的梯子上下往来的场景，这应该也是远古意识的残存。现代精神分析认为，人在极度亢奋中，眼中所见都是斑斓的色彩，也听不到呼喊的声音，这是远古先民要达到一种超脱现实，进入超能力的状态——是服用刺激性的致幻物质的结果吗？考古证明，酒精在古文明中的兴起就有使精神亢奋的特定用意，而在中美洲阿兹特克文明中明确显示存在服用致幻剂的现象。图腾在远古先民中的出现，与精神的致幻是不无关系的。

〔西〕戈雅《萨敦吞噬亲子》

文化是如何被创造出来的，祭祀的牺牲浸染着文化的发展，有可能一万年前的史前先民已经被这个看似现代人的困扰所困扰了

当艺术思维深入到对生存意义的思考时，人们会被自己的思考震惊，因为这一切都是在不知不觉之间发生的，如同天上的悬湖，释放它不曾理会的澎湃力量。为了一个所谓的价值，他们会为之坚持数代人，或者说绵延几千年的时间，巫术的祭祀仪式开启了对艺术的思考方式，缓解了客观环境对心灵的压力。

在史前先民中出现一件非凡的事物，那是要被传之久远的，或者说成为一个过往时代的光辉。如果说现实生活中的他们，仅限于捕鱼围猎，春耕之时撒上种子，等待秋收，然后是繁衍人类自身，扩大氏族领地，如果是这样的话，史前先民就缺失了生活中相当重要的一个部分，就是使人类充满凝聚力和顽强生活意志的激励机制，将精神幻象的一部分演绎成想象，再转化为现实存在，使生活现实与精神世界完成沟通，这一点对于史前先民生活是相当重要的。

综合现代表现主义艺术家的主张，因为价值观的决定导致对精神力量高度重视，认为主观意识是唯一真实的，一定程度上否定现实世界的客观性，主观意识和自我感受必然会对客观形态做出夸张、变形、恐惧，或者是怪诞的心理解释。要消解它，达到一个群体或社会形态的平衡，必须释放积蓄的社会能量。在这一点上，现代艺术主张很能契合于史前先民的精神特质，借助巨石文化现象来解释这样的精神状态也是十分适合的。

先民绘制在“洞穴”这不可移动巨石上的绘画，寓意汲取巫术力量，成为那个时代难以破解的谜

远古的人群在进化到具备精神思考的层面时，会生出被遗弃在洪荒之中的意识。这种感受也许来自于人类的旧石器时代，是什么让他们选择群居，并且学会用工具去防御寒冷或野兽的侵袭。这是一个进步，一旦如此，他们就会用防止什么，来换取什么，或者还有进一步获得的可能，这就是祭祀活动产生的伊始。或许就是人类最初仰望天空的想象，既是对“建木”的渴望，也是对万物皆有神性的泛神

据说这块巨大石材是古代迦南人遗留下的

观念认识的肯定。古人祭祀活动涵盖的精神层面相当广泛，验证祭祀仪式是否成功的最好方法也许包含着搬动巨石是否成功！

从对幼童行为的观察可以得知，他们往往热衷于其控制能力之外的物体及空间。如穿很大的鞋子行走，搬动看来不适宜自己移动的物体，站到很高的凳子上，试图占据更大的空间范围……这些现象都是对自我行为能力进行诠释的探究行为，如果以此为尺度，考察远古人们的思想观念同样适用。史前先民普遍存在对太阳的解释与崇拜，就是一个很好的例证。崇拜往往发生在不能圆满解释之后，因为他们的生活经验暗示他们，这个解释只是他们对所看到的某一部分的联想，只是一种假说而已。同时正是这种“假说”为他们建立崇拜信仰提供了思想基础，因为梦境与致幻物质在经验上验证着另一个空间的存在，却很难使他们触手可及。如太阳就是可见可感的，并且影响着人们的生活，它也确实来自现实的物象，因而产生了对太阳的崇拜。

太阳对于史前先民的生活来说，极为重要。人们对它试图进行解释，一方面源自生活必需的敬畏，如仰仗太阳带来的温暖。另一方面来自幼稚的心理机制，试图控制与他们的能力比较起来完全不协调的事物。太阳与太阳系中众多行星进行比较，已是巨细悬殊，这一点史前先民是不会明白的。但是对巨大的事物给出一个说法，产生一个结论性的东西，将它与自身建立起联系仍是极为重要的，所以，太阳在天空中的表现就成为人类的一个巨大的图腾。同时，依附于巨大天体的存在，也为人类生存找到一个可靠的理由，或者说是人类得以生存的唯一理由，或者说潜意识里它已经被人所“控制”，这就产生了有关太阳等天体神话，如《山海经·海外西经》中有“羲和者帝舜之妻，生十日”。《山海经·海外西经》同样有“帝舜妻常羲，生月十有二”的记载。这也成为人类对巨大事物试图进行血缘联系的一个舆论基础。许多巨石文化遗址都显示出，史前先民对巨石的搬运和营造，就是他们要建立观察祭祀膜拜太阳的一个平台。

我们还能看到神话中对巨大事物的描述都与太阳有关。东西两个方位上对应的有两株神树，东有扶桑，西有若木。扶桑生长在东方的汤谷中。太阳在咸池沐浴后，登上了扶桑木才开始一天在天上的巡行。也有说：“汤谷上有扶桑，十曰所浴……居水中，有大木，九曰居下枝，一曰居上枝。”（《山海经·海外东经》）关于扶桑木，晋代的郭璞解释说：“天下之高者，扶桑无枝木焉，上至天，盘蜿而下屈，通三泉。”如果说史前先民创造这些神话，在潜意识中包含了因为性这个主题下对欲望表现的一种需求，太阳神树正是阳根的象征！女人（羲和）与日或女人（常羲）与月的图式意义，可以说是性创造力的直接展示，其中也包含有艺术的力量！

也有说太阳从东方（汤谷，扶桑）升起，到西方（禺谷，若木）落下，夜在归墟沐浴。天体的运行，也与人的生活建立起联系，如先民所遵循日出而作，日落而息的生活，史前先民意识中，他们的生活

印度教用巨石把太阳神庙建造成车的形象

毗湿奴

与太阳发生着密切的关系，这种关系的紧密程度，也许从意义上到了等价的程度。这并不是妄说，人间的女子生育了太阳，就包含了这层意义。印度教天神毗湿奴在古远的吠陀时代可能就是太阳神的一个称号，传说他三步便跨越了宇宙。这三步指光的三种表现——火、光、日，或说这三步指的就是史前先民生活中不可或缺的重要元素。同时印度教也有毗湿奴曾化身野猪，将大地从海洋里打捞回来的古老传说，这都是人在创造这位神祇时，所赋予他的一种强力象征。远古时代流传下来的史诗中也称太阳神为“形体不定之神”，暗示了他自身能量通过多种方式对人的巫术起作用，如对火、光、日的认定，火的特质、光的性质和日轮的形象，先民崇拜它，就是对一种能量的接纳，体现出远古先民精神观念尚含糊不清的意识状态。在远古人们对太阳的膜拜中，认定太阳为了人类，白天劳作，夜晚休息。史前先民对自然现象的种种荒诞的解释，反映了要使自身具有价值、对生活有意义的直接诉求。从表面经验来看，人类要依附于自然生活，但是从史前先民创造的神话中所反映的却是人类精神深处的妄想。如果没有人类的存在，世界根本就无法解释这一切，因此也失去了意义。然而，曲折反映的仍然是人类对自身生存的忧虑，表现为对巨大事物夸张的解释能力，试图唤醒精神中可以超越自身的意志力，从而努力造就与天地日月现象等量齐观的创造行为。

荷鲁斯

古埃及人对太阳神拉的崇拜经久不衰

古埃及的神话，或者说古埃及人传诵的历史功绩中，认定有一个黄金时代，埃及是由一个太阳神——荷鲁斯家族来统治的，后来他们感觉人类逐渐聪明难以治理，就委托给人间的法老来管理，这是一个很有意思的说辞，其背后的深层意蕴是，人类的智慧足以担当起神的责任来管理世间的事物。蒙昧初开的人类为证明所具有的足够的智慧，建筑了那些伟大的石头建筑。

蛮荒时代的睿智表现，不是农业文明的书斋案头，不是科学时代的工具制造，也不是知识时代的资本运作，那是一个直接对于嗜血的崇拜。这个游戏最初如何制订的规则，也许无从考证，如果把鲜血想象成朝日或暮日对应的颜色，因此建立起连带关系，也许是一个不会太离谱的假设。认定太阳需要在某个特定的日子，特定的时刻来祭祀，应该是巨石时代人们生活的一项重要内容，因为它与拯救世界的观念联系在一起。在这个金石并用的数千年时间内，太阳的光辉极有可能一直是用涌动的热血来祭祀的。杀牲仪式刺激着人类对生存现实的种种渴望，在集体无意识状态下，牺牲的价值与获取的狂喜，造成心理的迷幻状态，也再度激发人类与巨大事物建立起关联，获得精神自信。

《山海经·大荒北经》就有“夸父不量力，欲追日景，逮之于

禺谷”的说法，意思是说，神人夸父不考虑自身的能力有限，要追太阳，在西方禺谷这个地方捉住了太阳。也有另外的神话版本说，夸父渴死在追逐太阳的路上。不同的说法无外乎反映人与巨大能量之间建立起必然的联系，即使用死亡来换取这种关系，也在所不惜。这是一种崇高的使命，生命因此而光辉灿烂，这个特殊的时刻，人祭极有可能就是祭司本人。

《山海经》中描绘的夸父

阿兹特克祭祀太阳神庙一角

史前先民一旦找到合乎“情理”的理论依据，其艺术思维即转化为体验式的内心经验，这种工作性质带着一种歇斯底里的疯狂，向内心索取智慧的机制完善之后，发明创造的产生只是时间问题。一旦精神在“非常态”的状态下，往往会使心智现出奇异的灵光！这样的发明我们今天认为是超越时代的思维。唯有此，才能完成在我们看来根本不可能完成的工作。这是一个何等神圣的向往，切割堆积巨大的石块，在人的精神和天地的规律之间建立起一个永恒的构造，由此获得认可，它的价值确立对于先民来说有着极大表现性质。

如果用现代神话学的观点来看待这个问题，其中的思想观念就是，人类的内心存在着巨大能量。在洪荒的现实面前，以什么样的手段来达到精神向往的目的，这仍然是一个问题。史前先民如何就解决了眼前的实际问题，应该也是摆在我们面前的一个巨大谜团。我们可以确实地感受到，文字记录的荒诞神话与现实中依然伫立的梦幻一样的远古巨石建筑之间，是有着内在的必然联系的，只是我们今天很难完整地追回，那随久远时间而淡忘的思想与情感的飞扬了。

考古学家对新石器时代岩画进行深入研究后认为，中国的盘古就是太阳神。盘古的传说的年代相当久远了，他的具体形象后世有可能概括为一个空心十字的形象，从对青铜时代器物的铸造符号上，也可以推断其中的含义，这个形式的外延称为盘，里面构成的十字空心就意会为古，形成一个类“亚”字形，说这个涵盖空间的四个方位和虚实的神秘符号，就来自于人类内心精神寻求对客观物质世界的普遍认识，它就是劈开世界混沌的盘古。

中国古代“亚”字形大墓，是远古观念的遗存吗？

这种对客观自然艺术化、抽象化的思考和创见，当来自对生存的深度思考，这是存在决定意识的最好体现。这样的观念大概在一万年前新石器时代中晚期就产生了，从当时的遗存来看，人类的这个时期是思维意识蓬勃发展的阶段，从关乎生存的重要意义的层面来说，这个特殊时期，思考有了更为广阔的空间，上接天地神明，下开人文之祖，盘古的形式符号在巨石文化时代，就是一个神圣的象征，不可能像孩子手中玩耍的飞去来器一般!

这只是一个艺术化的假设，如果在巨石搬运的场地，首先向太阳祭祀，用草木编制的巨型盘古，便于焚燎升天，我们今天便无处再寻觅它的踪迹。应该说对这个问题的相关臆测，并非空穴来风，史前先民在某个时期拓展自己的生存空间与思考的深度，是涉及自身发展的重要问题。因此，关于先民思想中对巨型事物的观念，我们仍能从古代遗留下来的图像和文字中检索出很多的模糊影像。

盘古与伏羲女娲的刻石像

当盘古被人格化后便保留在了神话中，成为让后人传诵的远古英雄，完全失去了它原有的一切意义，因为这时他在现实中的重要性不再成为思想困惑的重大问题，世俗的纷争和权利稳固的重要性有可能减弱对它的关注与崇拜，对盘古的特殊记忆也渐渐消退，所以后来的人们也只用草木去编制精美的昆虫了。

从汉代的刻石画像中，可以看到盘古的形象。画像中他被表现为一个力士的形象，高大壮硕，关于这位从混沌中分出天地的伟大神灵，他远远没有太阳神本身所带来的实际意义，是一个被架空的虚拟人物。三国时期吴国的徐整在文中有这样的记载：

“元气蒙鸿，萌芽兹始，遂分天地，肇立乾坤，启阴感阳，分布元气，乃孕中和，是为人也。首生盘古，垂死化身；气成风云，声为雷霆，左眼为日，右眼为月，四肢五体为四极五岳，血液为江河，筋脉为地里，肌肉为田土，发髭为星辰，皮毛为草木，齿骨为金石，精髓为珠玉，汗流为雨泽，身之诸虫，因风所感，化为黎氓。”

这样的文辞与意境的修饰，可能是后世文人的雕琢，但是仍可以从中看到“人”的形象在自然中所渴望占有的位置，强调“我”的自觉意识，这一点无疑为史前先民的精神状态进行了很好的勾勒。

还原所谓太阳神在原始文化中的状态，只能从史前文化遗迹中去寻觅。

石棚的最初含义

那随久远时间而淡忘的思想与情感还在那里依托

巨石建筑以巨大的石质材料结构建造，因宏大的平面布局和奇特的造型而著称于世，类型上可分为墓石、独石、列石、石棚、石圈、石台和金字塔形建筑等。

“石棚”是对建筑在地面上，以数块较小石块支撑起巨大顶石的建筑形式的统称。石棚在全世界分布很广，欧洲的丹麦、法国、德国、俄罗斯、荷兰、比利时、葡萄牙、西班牙、意大利，非洲的埃及、阿尔及利亚、突尼斯、摩洛哥，亚洲的叙利亚、土耳其、印度、

马来西亚、缅甸、越南、日本、朝鲜以及中国都有大量发现。中国的石棚集中在从东北到西南走向上，其他地方也有零星分布。尽管石棚建筑样式各有不同，石棚的形式大小不一，但其基本特征是一致的，就是用小块石头支起巨大的石块。做工粗糙的就是三块小的原石支起巨大的原石，到了青铜时代做工精良，将巨大的原石磨制成形制尺寸规范的石板，覆盖在形制规范的较小的三面石壁上，形成更为规范的石室。以此足见石棚在人类建造史上的广泛分布和其历史沿革的久远，石棚这种现象的大量遗存，应该说反映了人类巨石时期普遍的文化心理状态。

关于石棚建筑的时期，考古学给出的大致年代是新石器时期到青铜时代早期，或至晚期仍然存在。它的存在确立了对巨石时期的定义。或者说青铜时期的石棚就是巨石时代发展过程中的典型形式，而有关它建造的最初含义却早已湮没在历史的烟尘中。中国东北民间就流传着姑嫂修石升天和三位仙女为比试法术而修石棚的神话。其实世界各地对石棚都有各种各样揣测，编造了完全不同的神话与传说。朝

这种巨大石棚遍布世界各地

有可能在远古先民的心中，巨石建筑就是部族的能量之源

鲜半岛流传着天上的巨神把石桌移到人间的神话，德国人把它称为“巨人的墓”，比利时人把它称为“恶魔的石头”，葡萄牙人把它称为“摩尔人的家”，法国人称它为“神灵的家”或“商人的桌子”，而爱尔兰人称它为“迪尔梅德与格兰雅的婚床”，说是一对私奔的男女曾经匆匆搭起的床。这种种的说法结合到一起分析，就有一个十分明确的指向，后来的人们已经完全不知道史前先民建造这样石头建筑的真正原因了。在如此大的范围里都有巨石建造的石棚遗迹存在，其中所蕴含的主要功能就是以祭祀为主，它直接与先民的生存状态和精神状态相关，因为这两点是人类文化形式面貌的主要支点。

认定石棚是开启巨石时代的典型形式，也是鉴于它在如此大的地域范围里有遗存这个事实。如果说巨石时代的建筑是目前人类祖先的遗留物，就应该确信一个事实，当时的人们也是费了巨大的精力才完成了这件浩繁的建造工程，因为这个工程就是现代人在拥有先进工程技术装备的情况下，也不是容易解决的。所以问题就来了，有什么样的生存难题在困扰着史前先民，又有什么样的精神问题使氏族祭司们焦虑。这里关系到了人类起源的文化问题，我们不同于昆虫、植物与动物，我们是谁？**“我们”来自哪里（背景链接四）**？

〔法〕高更《我是谁，从哪里来，到哪里去》

从19世纪80年代开始的象征主义运动，创造了新的象征语言，这种新的象征性，是通过细致、复杂的一刹那感觉，来探测心灵深处最隐蔽的内容。人的感觉和感情细微而复杂，因此要抓住刹那间最敏锐、最有刺激性的感觉加以表现，以象征感情和感觉的常态。在象征派艺术家看来，可视的世界与不可视的世界、精神世界与物质世界、无限世界与有限世界，是彼此相互呼应和沟通的。因此，这类象征不论是用抽象的和具象的语言，都是非常朦胧和难以捉摸的，具有强烈的神秘倾向。由某种景象所引起的感情或心境，要求在艺术家的想象中有一些造型符号或相应物，这种符号或相应物可以不必复制此种景象而能再现这些情感或心境。高更一再强调要创造出原始的、本能的、暗示的艺术。他认为原始社会是从精神里产生出来的，是符合自然的，他认为自己具有孩子和原始人的气质。这种要求原始性和本能性的观念，与哲学上的人性复杂的观念混淆在了一起。

高更日记中的一页

人类在文化初始阶段，是不会想到这一类深奥问题的，他们为果腹而忙碌，此时与其他动物的行为特征没有太大的区别。人类文化在进步之后很长一个时间段里，因为氏族结构的原因，如生殖繁衍依然是困扰氏族人群的主要难题，也不会积聚起这样大的力量来建造巨型的石棚。只有到了氏族人群繁衍到了一定规模，文化有了相当程度的积累，人们的生活出现涣散的状态时，自然就会产生独立性的思考，我们来自哪里，我们是谁，史前先民们试图通过不一样的手段，可以为利益谋得更多。范围可以是个体的人，也可能是氏族部落联盟。不要以为这是一个现代人的生存命题，有可能一万年前的史前先民已经被这个看似现代人的困扰所困扰了。氏族的首领——祭司，就要面对他们祖先认定的神明，许下检验灵验的诺言，将巨石搬离它们原有的位置，放到高架的石头上。如果说远古先民认定自己的氏族部落是太阳的子孙，不断升起的太阳就赋予了他们巨大的力量。这个最初的心理动因，也是可以放到更广大的范围里，去检验人类思维方式的一个最主要的最大的可能。

随着人类文化在不同地域的演化发展，会产生无数的理由来丰富石棚的精神内涵，人类对超能力的崇拜使精神延伸到更广泛的巫术领域，极有可能最初就是对移动巨石这个极为单纯的行为。另外，对巨石的移动也凝聚了人群的向心力，人类在有记载的社会文明发展进程中，曾因精神与存在的困扰，无数次地发生过十分严重的问题，以致造成一定程度的社会心理危机，因而倾其所有，建造恢宏的神殿，开掘伟大的洞窟。史前先民很可能用建造巨石建筑的行为，化解氏族人群内部的精神问题。这本身即是一个费尽心机的过程，可以在很大程度上转化问题，也显示了祭司们的非凡能力。同时也为人们找到了人的从属关系，“我”不同于这个世界上一般的动物，**我们是神圣主宰的后裔——太阳的子孙（背景链接五）**。

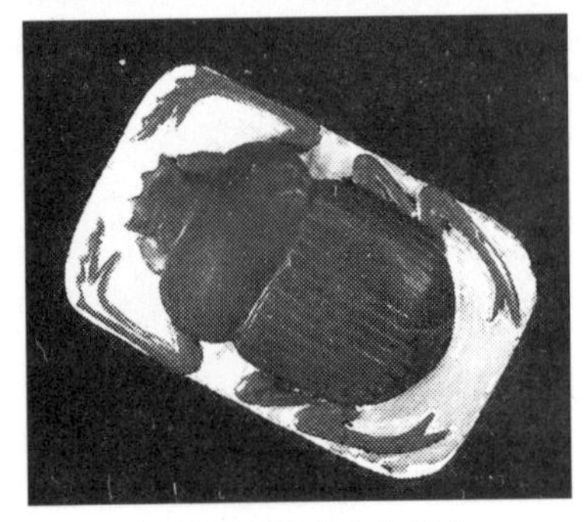
古埃及太阳神的象征物

很难理解古埃及人将一只鞘翅目类昆虫与太阳神联系在一起。据说是因为当时的人们看见自然界里的蜣螂有推粪球的习性，于是联想到太阳的每日升起，就是有一个圣甲虫在以同样的方法来表示太阳的运动，或者说以蜣螂的形象来代表太阳神。这个说法流传得很广，它确实被学者们证实是来自古埃及人的文献呢？还是今人推断古人观念的一种假说？我们不得而知。如果这个说法确实来自辉煌的古代文明，根据上古先民的思维特点，他们会认为蜣螂是太阳神的子孙了。

古埃及人把圣甲虫的形象刻进石头里，铸造镶嵌成华美的饰物，绘制在绚烂的壁画中。他们对现实中的蜣螂也像对待猫一样，把它们制成木乃伊陪葬在陵墓中吗？我们并不知道。对文化起源的解读，也许永远都是伸向天际的两条平行线，在可见的视野中很接近相交的状态，但是永远也不会完成这个结果。

祁连山中的太阳神像

对太阳崇拜的远古遗存

导语

太阳是与史前先民生活最密切相关的自然物了，人们在千百年的生活阅历中，观察到四季的变化、万物的生长都与它的升落运行有关，于是自然界的太阳在先民初蒙的原始崇拜中，得到了它至尊的太阳神的地位。人们用强力的形式元素来膜拜祭祀这凝聚了史前先民信仰与祈望的偶像物。也因为社会经济条件的积累发展，生活质量的提高，氏族群体产生了强烈的个人意识，群体意识逐渐弱化。而聪明的祭司们，这时会以太阳神的名义，规范群体意识，创造了这些遗留下来的巨石建造，巨石艺术的出现标志着一个前所未有的“巨石时代”。在今天看来，这是一个人性强悍的时代，他们性格坚韧，感情专注，好像只为了巨石的垒砌而生，这一切应该说是来自宗教的力量。

花崖壁画，用红色表现对太阳的膜拜

话说太阳神

人类最初对太阳的崇拜，往往来自对光芒的畏惧，如同畏惧黑暗一样，漆黑的环境使人不了解自身所处的境遇是否暗藏了风险。在光芒万丈的太阳照射下，在自然面前，人类又清晰地看到自我微不足道的渺小，于是人类就在自然中寻找自己的亲族，山川河海，鸟兽昆虫，树木草芥都与人类发生了血缘上的关系。太阳理所当然地也会被牵扯上关系，在上古的神话中我们会看到许多这样的说法。

太阳在神话中已经从单纯的自然物逐渐地转化出来，如古希腊的太阳神，第一位是胥佩利翁，他是乌拉诺斯与该亚之子，司掌光明与日光之力，是原始的太阳球体的化身。第二位是赫利俄斯，是一位真正驾驭太阳车的太阳神，他是胥佩利翁与提亚之子。他是高大英俊的美男子，身披紫袍，头戴光芒万丈的金冠。他每天驾驶着四匹火马拉的太阳车划过天空，给世界带来光明，且情人众多。第三位阿波罗是天神宙斯与第六位妻子暗夜女神勒托所生之子，是司掌文艺之神、人类的保护神、光明之神。他们都有着完整的血缘谱系。

古埃及的太阳神拉在天空如日中天，是大名鼎鼎太阳神荷鲁斯的高祖父。后来它又演变为宇宙的主宰阿蒙·拉，阿顿——朝之太阳神，阿图姆——暮之太阳神等等。在赫梯帝国神话中，更是有数位太阳神，太阳女神乌伦塞穆、太阳神希梅吉、太阳神伊斯塔努斯、太阳神爱斯坦、太阳神偷莞、太阳女神卡塔哈兹普利、太阳女神阿丽娜。自然界的天空上太阳只有一个，然而人类在自己的文化中创造了无数个太阳神，这就是人类以自己的人格将太阳拟人化的结果，以此拉近人与太阳的距离。最典型的例子是法老阿肯那顿认定自己就是太阳神阿蒙，于是他要建造巨石神庙，在他与太阳神之间建立起必然的关系。法老在人们对太阳神的崇拜中，同时被尊崇。

人们通过在巨石绘制、雕刻，铺陈宏大的场面，矗立高耸柱石，其目的只有一个：昭示不朽与永恒，显示精神上的非凡，这就是人类一直试图建立起来的心理机制。另一个极端的例子，是在中国的神话里，英雄后羿有射落太阳的传说，这样的行为很难设想它是来自遥远的过去，但是这确实是一则来自上古的传说，也许在所有人类上古神话中是绝无仅有的，因为只有使人与太阳处于同等位置的价值观，才能演绎出英雄传说。

后羿射日的传说，从另一个方面印证人类早期对自身具有超能力的渴望。

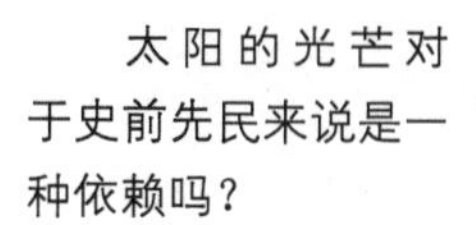

太阳的光芒对于史前先民来说是一种依赖吗？

山东日照天台山太阳崇拜

史前先民的巨石遗迹

中国山东省日照市天台山下，是一片有着4000—6000年历史的新石器遗址，曾出土过号称蛋壳陶的龙山黑陶，也发现过有最早青铜冶炼的遗迹。天台山上更发现有史前先民的巨石文化遗迹，与中国历史上记载的上古时期东夷部族的活动范围相吻合。

在天台山上的岩石面比较平坦，似乎是被人为地削去一块而形成的平台。一块据称为太阳石的椭圆形岩石就放置在上面。这是一块直径约2.5米，重量约20吨的花岗岩石。这块巨大岩石的底部只有三个很小的支点与下面形成斜坡的山岩相接触，具有支石的性质。巨石曾经被切割过，在太阳石下侧的山坡上发现了两块切割的碎石，大的也有

史前先民加工过的巨石

成吨的重量。说是切割，是因为太阳石上面有一个直角正对着天空，似乎有测量天体的意蕴。天台山中还有史前先民的遗址，其中有巨石垒砌的座椅，它基本由三块巨石组成，座椅的后靠背上刻着的图案，明确是光辉四射的太阳图形，如果联系到东夷人对太阳的崇拜，会使我们觉得前面切去一块近似椭圆形巨石，是与观察太阳的运行有关。

从对周边遗址的考察来看，也应该属于新石器文化时期。通过对遗址遗留物的观察，结合对近代尚存原始部落的探究，可以大略知道，石椅两侧是巨大的石块，与石椅相对的方向，也有两个石座位，中间是一个用石块砌成的火坑，座位后面有两个石头砌成的小坑。小坑里有一些小石块。从这个场所可以印证原始部落选举族长的情景，选举时由族人提出两名候选人，在候选人的背后各有一个小坑，所有族人每人手中拿一小石块，依次从候选人的身后走过，然后将石块放到自己中意的候选人的身后小坑内。选举结束后清点石块的数目，得石块多者即当选族长，这都显示氏族公社的社会特征。

这个区域还有石砌的图腾柱，还有积石冢位于图腾柱的东北侧，背靠山冈，面向东南方。积石冢前有一石材砌成的墙基，长约5米，宽约2米，石材加工得都比较规整。遗址上还出土过新石器时代的石球、石斧、石镰、石箭头，居住用的石头房基，生活用的石盆、石磨、石臼及祭祀用的陶器。遗址周围的山岩上还刻有史前先民的岩画。

史前先民的巨石遗迹

马耳他的神奇建造

在地中海的马耳他岛国有一座蒙娜亚德拉神庙，同样被当地的人们称为“太阳神庙”。正面宽约70米，也是用巨石垒砌而成，造型设计精致独特，具有很高的工艺水平。

曾经有研究者仔细地测量了这座神庙，发现在夏至的日出时分，太阳光擦着神庙出口处右边的独石柱射进后面椭圆形的房间里，正好在房间左侧的一块独石柱上形成一道细长的竖直光柱。这道光柱的位置随着年代的不同而改变，在前3700年，光柱偏离了这块独石柱而射向它后面一块石头的边缘。推算起来，在前10000多年会出现一个令人惊异的现象，这道光柱如同一束激光一样笔直射向后面更远一些的祭坛石的中心。

建筑在海边悬崖上的蒙娜亚德拉神庙

在12月21日的冬至日，上述情况又出现了。不过这次出现在相对的一侧，同时房间右侧后部设有祭坛石。我们已经看到，在日出时分，太阳发出的第一道光线笔直地在出口处的两块独石柱之间穿过，射进神庙的房间里，光线穿越门拱并照亮了房间中部巨大的祭坛石。

神庙中出现的这种准确的投影现象绝非偶然，事实上整个神殿在建筑布局上的精确性已经排除了任何偶然性。

蒙娜亚德拉神庙模型

在冬至日和夏至日，日光分别在右边和左边的相应的独石柱上形成了一道光柱，这两根独石柱可以称为日历柱。它们宽度不等，右边一块宽1.33米，左边一块宽1.20米。右边的独石柱上出现的是冬至的太阳光柱，我们所看到的是在我们的世纪里太阳光柱的位置，它没有射向后面石块的边缘。这样的建筑布局，也恰好为前3700年和前10000多年的太阳光柱留下了足够的位置。

蒙娜亚德拉神殿模型在冬至日穿越神殿的演示

蒙娜亚德拉神殿模型在夏至日穿越神殿的演示

太阳光柱在整个石块上扫过一遍大约需要2.58万年的时间。正是根据石块的宽度算出了这一情况开始的时间是前10205年。更早的年代里太阳光柱射向另一侧的日历柱，由此建造神殿的人也完成了一个简明的日历。左边的日历柱比右边的一根窄13厘米，正好是两束太阳光柱的宽度，后者宽约6.1厘米。假如日历柱再宽一点，太阳光柱将无法精确地射向位于后部的祭坛石的中心。必须注意的是，现在太阳光柱没有射向祭坛石，它被左边较小的一根独石柱挡住了。而在前3700年，太阳光柱也没有落在祭坛石的中心，其位置相差

6.1厘米。迄今为止，太阳光柱射向祭坛石中心只出现过一次，即前10205年的那次。

从左侧与右侧独石柱的不同宽度，我们可以推算出这座太阳神庙的建成日期。前10205年的冬至日，太阳光柱正好扫上右侧独石柱的边缘；同年夏至日，太阳光柱落在左侧独石柱后面的祭坛石中心。一个明确无误的结论是：神殿是公元前10205年建成的，离现在已经整整12000多年了。

在遥远的年代，史前先民需要耗费巨大的精力测算出太阳光在不同时间段的照射角度，才能确立建造这座神庙的蓝图，没有宗教的巨大热情几乎是很难做到的。当宗教情感与生存状态愈发紧密地联结在一起时，方可激发出惊人能量。

鸟瞰蒙娜亚德拉神庙

哈夫拉法老身旁巨石神像的意蕴

据说古希腊人来到吉萨高原上的巨大狮身人面像前，满怀崇敬地称其为斯芬克司。与古希腊神话中的斯芬克司相比，两者之间在形象上确实有些相似，一般的人很容易将它们混淆。其实狮身人面像在古埃及的神话传说中称为哈马克希斯，它是荷鲁斯神，司管天地两界。

这座狮身人面像的巨型雕刻坐落在哈夫拉法老（前2520—前2494年）金字塔的东侧，它历来充满神秘色彩。传说第四王朝哈夫拉法老在登基不久，便想为自己建造一座宏伟的陵寝，以便使灵魂升上天堂。他的墓地对面却有一块小丘般的大岩石，于是陵墓的设计者将这座小石头山规划成一座雕像，使它成为冥府的守护神，它的面部依照哈夫拉法老的形象雕凿，也寓意法老生前的无上权威和法老死后的灵魂不灭。完整的狮身人面像的头部装饰着法老盛装的模样，它头戴皇冠，上面装饰着圣蛇纹样的浮雕，下颌佩戴着象征法老威严的长须，脖子上还饰有项圈。雕像的风格规范而严整，应该是一个庞大王朝的象征物。这里要着重提一下，据传统考古学家考证，哈夫拉金字塔建成的大概时间是公元前2650年。

传说又经过1200多年的风沙侵袭，到了新王国时期的第十八王朝，吉萨金字塔附近已经荒芜的满地黄沙，狮身人面像早已被沙子掩埋到了脖颈。某日图特摩斯王子来这里打猎，中午就休息在雕像的阴凉处，他进入梦乡，梦中见到狮身人面像和他说话："我的儿子图特摩斯，我是你的父亲，现在沙石憋得我透不过气，如果你能帮我挖去身上的沙子，我将让你成为法老。"图特摩斯梦醒，好像见到石像朝他微笑。于是他立即命令随从清除雕像身上的沙子，后来又三次派人清除沙石，并建起土坯墙用以拦防沙子的堆积，还在墙上刻上图特摩斯的名字，他就是后来的图特摩斯四世。

历经3000多年的时光，今天依然可以看到他当年在狮身人面像前立的一块花岗岩碑刻，上面记录了这段不可思议的梦境。透过这个传说离奇的迷雾，足可以使人看到图特摩斯四世的政治智慧，他借一个古老的充满奇迹般故事的巨大石像，为自己的登基做了舆论准备。同

狮身人面像在远古时代被风沙掩埋

时也可以看到这座狮身人面像在3000多年后，还是一尊雕刻精湛、容貌鲜活的雕像。

狮身人面像数千年来默默守护着哈夫拉金字塔，天天凝视着旭日东升，然而多少年来关于狮身人面像的谜题一直不断，这本身也算是一道谜题吧。

现代考古学对石像雕刻的时间提出了新的说法，研究者认为狮身人面像与法老哈夫拉之间没有什么关系，它也不是在哈夫拉统治期间修建的。原因是法老图特摩斯四世登基之后，在狮身人面像前放置的石碑上仅有一行文字，其中刻有“卡夫”这两个象形文字，后人就望文生义推测“卡夫”指的就是法老哈夫拉。因为考古学家知道古埃及的象形文字记载所有统治者的姓名无一例外都有一个现在称为“徽印”的长形外框。而“卡夫”这两个字外部没有古埃及用来圈住统治者名字的长方形或椭圆外框，因此“卡夫”可能并不是指一个法老的名字。“卡夫”这两个字在古埃及文字中仅仅是“升起”的意思。也许是指狮身人面像望着太阳升起，具有随之升起之意。也有研究者对哈夫拉法老雕像的头部和狮身人面像的“人面”做了细致的比较研究，结果认为两者存在着差别，极有可能不是同一人。

仔细审视这座狮身人面像雕刻，它高20米，长60米，仅一个耳朵就有2米之高，面部长5米。整个雕像除狮爪外，几乎是由一整块重达2000多吨的巨石雕造，雕像历经久远，由于侵蚀风化十分严重，石质疏松，然而它庞大的身躯，依然令观者肃然起敬。

另外，地质学家根据狮身人面像身上所受风化的特点与程度，也得出了一个惊人的观点，狮身人面像至少在古埃及历史上最后一次雨季的早期，也就是前7000年至前5000年间就已经建成。原因是狮身人面像身上的侵蚀边缘比较圆钝，呈蜿蜒弯曲从上向下的波浪状，有的侵蚀痕迹很深，最深达2米。同时，上部侵蚀得比较厉害，下部侵蚀程度没这么严重。这是典型的雨水侵蚀痕迹。

可是从前3000年以来，吉萨高原上一直没有足够造成狮身人面像侵蚀的雨水，所以只能解释这些痕迹是很久以前造成的。被风沙侵蚀的痕迹应该是平行痕迹，这种现象在狮身人面像上也是存在的。如果此像真是建于哈夫拉统治时期，那么同时代的其他石灰岩建筑，也应

狮身人面像身上有侵蚀痕迹，最深达2米。同时，上部侵蚀得比较厉害，下部侵蚀程度没这么严重。这是典型的雨水侵蚀痕迹

该会受到同样程度的侵蚀，然而古王朝时代的建筑中，没有一座如狮身人面像的雕刻有过如此复杂的侵蚀。那么，狮身人面像就有可能是7000多年前的产物了，由此，考古学家们确认它在修建技术方面要比其他已确定年代晚了几千年的建筑都要高超。

不论狮身人面像建造于何时，考察建造者的审美心情应该是一个值得深入探讨的课题。当美术史对它的艺术构造进行分析时，人们面对它的神奇将得出完全不同的答案。

斯通亨治巨石圈

遍布欧洲的远古巨石遗迹有 5 万余处，现在英国的巨石圈是最有名的遗迹之一。

斯通亨治一词在古代英语里是高高竖起的石头的意思。威尔特郡的这些“高高竖起的石头”， 位于伦敦西南的索尔兹伯里平原上，著名的巨石圈是直径100米的圆形围栏。古代巨石群体不仅遍布英国，在法国、西班牙、葡萄牙、瑞士、波兰、德国、丹麦等国也不乏见。有的是高达数米的巨柱，有的是在立石上搁置横石，也有的是环形列石。在柱状列石中，最著名的是法国卡纳克列石阵，现在由大约3000块巨石组成，总长度达 6 公里。

如果以卡纳克列石阵作为柱状列石的代表，那么，环状列石的代表即是索尔兹伯里斯通亨治巨石圈了。这些“高高竖起的石头” 一根接一根地排列，现在却成了残缺的圆形，直径也达到70余米。人们只知道这些石板最高达10米，大石柱顶上横架着的巨大石板，重三四十吨，却不知道它们从哪里来，又经历了多少年，它们又是为什么竖立在这儿的，这更增加了石圈的神秘性。 这些大石柱群具有多种建筑的特点： 包括一个两层的立石群、几组马蹄形的巨石建筑以及与单件立石或石盖不一样的“三支石”（两块立石支撑起一块过梁石）。

考古学家们用C-14 测定法测定了年代数据，后来再用最新的地质年代测定法（即热发光年代测定法）进一步证实这个巨石圈比古希腊克里特岛上诺萨斯、费斯多斯和伯罗奔尼撒半岛上迈锡尼、泰林斯、派罗斯等地著名的石头建筑物还要早，也比古埃及金字塔要早。这些

鸟瞰英国索尔兹伯里平原上的斯通亨治巨石圈

大石柱群分三个时期建成：第一阶段是距今4400—4800 年前，第二阶段是距今4000—4100 年前，第三阶段包括三个小阶段，最后是在距今3100 年前全部竣工。建造大石柱群的石头，都不是原地固有的，全部是从200公里之外的地方开采和搬运来的，一部分是来自马尔博罗丘陵的砂岩与威尔士丘陵的蓝灰砂岩。

有研究者从前50年古希腊历史学家写的一本《世界古代史》中偶

远处逆光中是巨石圈外一块被称为“踵”的巨石

然发现该书里有一整章提到远隔重洋的英格兰，“在这个岛上，有一座雄伟壮观的太阳神庙……月亮神每隔19年下顾此地”。

研究者认为，古希腊历史学家记述的“太阳神庙”，就是指的“斯通亨治巨石圈”。这些大石柱群，就是“太阳神庙”建筑物残存的一部分。如何证实“斯通亨治巨石圈”是不是一座太阳神庙，并不是这篇文章探讨的初衷。但是每年夏至这一天，太阳升起的位置恰与巨石圈外一块被称为“踵”的巨石排列成一条直线。本文只想说明史前先民的宗教情感大多将太阳与自身联系在一起，在反映人类早期的膜拜心理的同时，在人性的深处也曲折映射出自大的潜意识状态。

美洲大陆上的太阳门

太阳门是蒂亚瓦纳科文化的杰出代表作，它耸立在南美洲玻利维亚与秘鲁交界处的的的喀喀湖以南约20千米处海拔4000米左右的高原上。考古学家们用层积发掘法证明蒂亚瓦纳科文化的最早年代是在300—700年，而太阳门和其他一些建筑应是在1000年前正式建成的。

太阳门所在的广场台地，宽200米，长300米，这是一块巨大的有着先进的排水系统的基座，这里更像一个祭台，太阳门就位于它的一端，据推测应当是一座巨大神庙的门。

考古学家认为蒂亚瓦纳科曾是一个举行宗教仪式的中心场所。太阳门高3.048米，宽3.962米，厚0.5米。在整块巨石的中央凿一门洞。太阳门最令人迷惑不解的是每年的冬至和夏至，阳光就会穿过距太阳门100米远的东方的小门，形成一道光柱一直照射到太阳门正中的太阳神像上；而每年6月到12月的时候，阳光也是从那个小门直射到太阳门6月和12月的标志上。通过阳光的指引，古代的印第安人可以清楚地掌握何时是雨季，何时是播种时节。

在今天看来，它虽然只是完全靠太阳来指引的太阳历，但是它所达到的精度和由此反映出的古代蒂亚瓦纳科人的智慧，依然令我们叹为观止。研究表明，每年的9月21日黎明时分，第一缕阳光总是准确无误地从门中央射入，这一现象是不是来自当时建造者的刻意设计，我们不得而知。但是门楣上太阳神所处位置，是十分有讲究的，因为它

太阳门在建筑高台上的景观

太阳门上刻有太阳神的形象及相关的精美纹饰

正处在太阳门一个黄金比例的对称点上。如果是这样的话，9月21日黎明这个时间段，就会是建造者们选择的特定时间点，这里面包含着什么样的宗教含义，只有等待更为深入系统地研究了。

这块被称为太阳门的巨石在发现时早已残损崩毁，1908年经过一番整修，恢复了原来的面貌，石门上面雕刻有浮雕，横楣上刻满纹饰，因为门楣上刻有太阳神形象而得名。门楣正中间雕刻着一个人形高浮雕的人物形象。正面而立，身穿战俘头装饰的外衣，从这个人形神像的头部会放射出许多道光线，线顶端有动物的头，他的双手各持一个权杖，权杖两端装饰着在美洲象征太阳的鹰的形象，也因此把这个形象称为太阳神。在他两旁平列着3排48个相对较小、生动逼真的动物形象，头戴锥形花冠，手握权杖，面向中间的神伏地而跪。

从图案上，我们注意到3月、6月、9月和12月被分别标示了出来，四季由此而有了明显的区分。这是一份农业历，从9月到12月，是当地播种的季节；从12月到来年3月，正好是雨季，而后3月到6月是收获季节，6月到9月就是农闲的时候了。太阳门上浮雕所具有的神秘色彩和复杂的寓意，体现了当时人们对宇宙现象的理解，其中也包含了深奥的历法计数系统。

由此可见，史前先民对崇拜物太阳运行的认知程度远远超过我们的想象。

荒废的石头城特奥蒂瓦坎

在中美洲墨西哥首都墨西哥城东北40公里的山谷里，隐蔽着一座神秘的古城废墟——特奥蒂瓦坎。满眼的残垣断壁，埋没在杂树蒿草之中，是一座荒废沉寂的死城。

特奥蒂瓦坎（纳瓦特语：Teotihuacán）在印第安人纳瓦特语中的意思是“创造太阳神和月亮神的地方”，这个称呼很令人费解。特奥蒂瓦坎是一个曾经存在于墨西哥境内的古代印第安文明，大致始于前200年，延续了约1000年后至750年时消亡。据传，神都特奥蒂瓦坎的建立，是为了纪念从这里升起的“第五个太阳”，或者说是纪念发端于此的世界第五次复兴，那么前四次复兴指的又是什么呢?

整个城市遗址显示出它是依照异常精确的城市设计方案建造起来的，城郭宽阔壮观，布局安排得井然有序，整个面积不下21平方公里，比著名古罗马城还要大。而至今发掘出来的可见遗迹，据说仅是原来规模的十分之一。

从已挖掘出的城市废墟就可以表明，特奥蒂瓦坎全城是以两条垂直相交的道路为基线，所有建筑物分别向东西两面延展。主轴干线被称为死亡大道，长达3000多米，路面有40多米宽。死亡大道这个名字，是因为1325年从北方南侵的阿兹特克人到达这里时，城内早已呈现一片颓败景象，他们误以为大道两旁的棱锥形高台建筑都是众神的坟墓，于是就称这条宽阔的街道为死亡大道。不过，这个名称也确实把特奥蒂瓦坎城缥缈虚幻的气氛烘托出来。

俯瞰特奥蒂瓦坎城的主体构造

在城市的中心区域矗立有两座金字塔，太阳金字塔与月亮金字塔。两塔的原名，现在已经无从知晓了。也许是根据印第安人流传的神话，或者是1520年以后到达那里的西班牙人的望文生义，它们分别被取名为太阳金字塔（日塔）和月亮金字塔（月塔）。太阳金字塔和月亮金字塔都用沙石泥土垒砌而成，表面覆盖石板，再绘上繁复艳丽的图案。经考古学家鉴定，太阳金字塔大约完成于2世纪，其总体积为100多万立方米。但它开始建筑于什么年代，已无从查考。

然而这座城市的建设有很好的规划设计，举行宗教和祭祀活动的纪念物都布置在太阳金字塔的中轴线的东侧，正巧同太阳从升起到最高点的轨道相吻合，这种布局反映出人们对天文观测的尊崇。崇拜太阳和研究星体对特奥蒂瓦坎人而言，一定具有相当重要的意义。可是到了550—600年，这里的居民开始废弃它，并在离开的时候掩埋了主要建筑。

每年的5月19日中午和7月25日中午，太阳就会直射在太阳金字塔顶上；同时，金字塔的西面也会准确地朝向日落的位置。而每当春分和秋分这两天，正午的阳光使金字塔西南的最底层出现一道笔直的逐渐扩散的阴影。从完全的阴暗到阳光普照，所花的时间不多不少刚好

66.6秒。另外，曾有人在春分那一天，在太阳金字塔顶上向南眺望，太阳就准确地在一块标有标记的石头处坠入地平线。

其实人类内心里一直有向太阳展示自我创造力的心理动机，数千年的文化史表明，阳光一直是人们最敬畏的光线，它可以在最广泛的区域里，为世界见证人类的伟大创造。而在现代艺术中的大地艺术，**就表现为人精神的一种自觉（背景链接六）**。

从航拍的照片上看到的特奥蒂瓦坎，整座城市以死亡大道为中心，有结构严谨的网格状结构，然而这条主要大道并不是呈现正东正西的方向，而是向西南偏离了15.5度。这一点令研究者倍感困惑。多年来也产生各种不同的解释。有研究者提出，死亡大道以西90度的一个点，是二十八星宿之一的昴星团从特奥蒂瓦坎看到落下地平线的位置，而这个星团与古中美洲历法有关。也有研究者说，死亡大道以西90度的点所标示的，是太阳每年两次（4月30日与8月13日）从金字塔正对面落下地平线的地点，而8月13日就是古玛雅人所认为的“世界初始日”。有关特奥蒂瓦坎人制定方位的特殊原因，仍未有确切的解释。

特奥蒂瓦坎名称的原意中也有“众神升天而去的地方”，史前先民用巨大劳动建造这样庞大的城市，其中最辉煌的建筑是宗教的祭祀建筑群，这是他们生存的精神支柱，期盼传说中升天而去的神明能重回故地，这里聚集了数十万的人口，也因此而发展起来了精密的天文学，等待着一个神圣的时刻。一次次的等待都化成了泡影，于是在极短的时间内，这里的人们放弃早已居住了数十辈的地方，忐忑不安的心中是即将熄灭的宗教感情，但是它的神圣感依然存在，于是就要离去的人们掩埋了他们主要的宗教建筑。这样的事情在南美洲古代文明的更迭中，早已经屡见不鲜。

大地艺术是20世纪60年代末出现于欧美的美术思潮，是指艺术家以大自然作为艺术创作媒介，展现艺术理念。大地艺术家普遍厌倦现代都市生活和高度标准化的工业文明，主张返回自然的状态。他们认为最早的范本样式可以追溯到金字塔和斯通亨治圆形石柱群。也就是说古埃及的金字塔等世界范围里史前的巨石建筑和后来的禅宗石寺塔才是人类文明的精华。它们直面自然的风沙雨雪，随自然界的循环过程而逐渐消逝，代表了人这个物种精神和心理的宽度与高度。

大地艺术家罗伯特·史密森的《螺旋形的防波堤》在大地艺术作品中占据举足轻重的地位。这个庞大的艺术品总占地0.04平方公里，巨大的螺旋形从岸边一直延续至湖中央，恢宏的场面给人以强烈的视觉冲击力和心灵震撼力。

《螺旋形的防波堤》 罗伯特·史密森于1970年在美国犹他州大盐湖北部创作而成

对人自身超能力的验证

导语

人类在宗教中对巫术的使用，也许正是艺术产生的一个重要因素。或者说它们都是对人的心灵产生震荡，强化夸张意念与主观意志在现实生活中的真实存在。以此看来，几乎就无法区别巫术与艺术的根本区别。或者说“超能力”与“非常态”就是史前先民热衷追求的精神境界，当这种情境在一种特定的状态下出现时，深深地激励了对本能的心理体验，因为人们在漫长的时间段里持久地在一种思维定式中迷狂地探寻，所具有的非常规的直觉意识，是后世的人们无法想象的。这就是无法用科学时代的思维和技术的方式，来考察巨石时期建筑的重要原因，巨石时代的史前先民永远地保持他们的神奇。现代艺术中对超能力的精神境界，有一个更为贴切的词汇“酒神精神”。用理性去追逐迷狂般的陶醉，也可以说这就是“巨石时代”对现代艺术本质的昭示。

人工摆在危崖上的巨石

具茨山巨石摆放之惑

近年在河南省新郑市西南15公里处，被称作具茨山的区域发现有大量新石器时期的遗存。山中到处都散置着巨石，特别是在风后岭、老山坪等处，这些巨石的放置呈现各种样式，令人匪夷所思。考察这些巨石遍布的山地，其中有一部分绝不是自然力的结果，从石头的材质分析完全是就地取材。例如一个地点放置的两块巨石和它们之间夹杂的小石块，明显不是同一个地质年代的产物。这些完全不同的组合，就能很直观地认定是人为放置的结果，完全可以称其为巨石文化遗址，因为从这些遗址中可以分辨出巨石文化的典型特征，可以把它们归为支石、叠石、列石、石棚等现象。具茨山巨石以支石和叠石为主，单个巨石重量不一，一般可达数吨，形无定式。

在具茨山上遍布巨石，还有很多巨石是聚集在一起的。属于人类文化现象的最大巨石到底有多少吨，哪块是最大的还很难说。最大的巨石组合几乎达数百平方米。世界各国发现的巨石建筑，绝大多数位于平地上，而具茨山的巨石不但都在山上，而且其位置处于山崖绝

从不同视角可以观察到石块摆放的不同形态

壁，其修筑难度更大，分布的密集度和类型之多也是罕见的。另外还发现具茨山上有岩画3600多处，这也从另一方面反映了史前先民的精神意愿。

对具茨山巨石文化现象断代的依据，来自古籍的佐证，战国时期成书的《庄子·徐无鬼》有这样的记载："黄帝见大隗于具茨之山。"北魏时郦道元的《水经注》里也明确指出："黄帝登具茨山，……即是山也。"黄帝时代处于仰韶文化晚期，距今大约5000年前，从具茨山的实际考察中陆续发现的岩画明显带有原始文化特征，应该可以认定岩画与巨石放置之间有着内在的连带关系，巨石建造形成的大概时间也应该处于这一时期。

令人感到困惑的是具茨山上所有摆放的巨石都是未经加工的天然石材，山中大量的岩画又如何解释这个现象，现在研究者尚不得头绪。用岩画解释巨石文化现象，也许是一把最好的钥匙。山中有些地方十分险峻陡峭，史前先民在没有大型起吊工具的情况下，要放置一块巨石，其艰难的状况也是难以想象的。据推测具茨山区域就是史前先民传统的巫术祭祀场所，依此向神明展示人类超能力，祈求得到上天的护佑。或者说先民以在悬崖上放置巨石这样的行为过程，来获取上天赐予的超能力，其内在原因是精神凝聚力量和人群的向心力。

我们惊奇地看到人头形巨石，先民以同样的心情来对待吗？

从《庄子·徐无鬼》中可

在悬崖峭壁上留下痕迹，可以印证是在展示自身的超能力吗?

以得知，黄帝是为了寻求治理国家的道理而来到具茨山的，而“大隗”就是这座神山的大祭司也未可知。很难说庄子没有改造过久远以前留下来的传说，却仍然勾勒出了远古时代人们为获取精神的力量，不惜远道而来的虔诚意志。综合来看，史前先民因为自身生存的需要，具有夸张地在自然中创造永恒景观的能力，这种超越一般性思维能力的获得，其本身就展示了祭祀或者氏族首领高超的组织管理能力。

卡纳克的列石阵

在我们的设想中，新石器时代的史前先民最先进的搬运工具无非是绳索、滚轴、杠杆等等，操作方法无非是推、拉、滚，或利用土坡下滑。要建造石头建筑，就必须有石材，而石柱阵所在地都没有岩石资源，所有石柱必须从数千米外的山上采石甚至到更远的地方去获取。但无论使用什么工具，使用什么样的操作方法，要把数吨、数十吨的巨石搬运数公里、数十公里都不是一件容易的事，更何况，要搬运的石材有成千上万块。

法国布列塔尼半岛濒临大西洋，卡纳克城更是一个著名的地方，在它郊外有一片片整齐排列的石阵，在长达8公里的范围内到处是林立的巨石，这就是著名的卡纳克石阵。当初石头的竖立是按一定的秩序建立的，只是在后世沧海桑田的变化中，有些巨石也因之而毁弃，目前石阵要穿行于庄稼、树林和农舍之中。

卡纳克列石阵曾有石柱10000根，如今仅存2471根。石阵被农田、树林和农舍分为三片：位于卡纳克城北1.5公里处的勒芒奈克石阵，以11排向东延伸，共1099块石头，排列在长1000米、宽100米的矩形内，最高的巨石露出地面部分达4.2米。石柱行列稍有弯曲，柱与柱间距离不一。起点石柱普遍高度约4米，最高7米，愈往东愈低愈小。再向北走，过了一座古老的石磨坊界线，便进入克马里欧石阵，共10行，长约1200米。与其相邻的克勒斯坎石阵，长约400米，共13行，每行都很短，共540块巨石，排成正方形。它的末端是一个圆形石阵，由39块巨石组成。各组石阵都沿东西方向分行排列，东西两端边缘的行距较密，每一行巨石的大小和排列距离也并不均匀，每行越近东端，石块越高且排得越紧。石块排列以直线为主，也有排成平行曲线的。究竟把那么多的巨石搬到卡纳克，凿平磨光，再把它竖立起来，是什么力

自然美景中的卡纳克列石阵

巨石排列在自然环境中，带有的超自然的意味，就是一道无解的谜

量令史前先民狂热地进行这浩大的工程?

想要竖立这样的石阵，绝不是一两个人就能办到的，也不是短时间就能办到的，更不是完全依靠单纯的人力所能达到的。经考古学家考证，石阵大约是从前4300年到前1500年，由不同阶段竖立起来的。这个时期欧洲人还没有发明轮子，但石块最大的重量约350吨，高达20米，他们是如何把如此沉重的花岗岩竖立在指定的位置上？竖立巨石的史前先民必定人数众多，而且要有高超的技术。

为什么要在不同的时间段来筑造这样的石阵，这种同样巨大的热情来自哪里？他们竖立这样的石阵是在展示自己的超能力吗？为什么在这之后就没有了，这些问题比石柱群本身具有更为深刻的意义。

马耳他的巨石神殿

现在的马耳他有316平方公里。由马耳他岛、戈佐岛等5个小岛组成，马耳他岛上还有个奇特的自然现象，就是在整个马耳他找不到一条江河、一个湖泊，就连细水长流的小溪也没有。现代马耳他人的饮用水，取自于专门蓄水池中的雨水。这个被称为地中海心脏的群岛上，据推测气候与自然条件，从新石器时期到青铜时代，数千年都没有过剧烈的变化。令人惊叹的是，到目前为止，在这些地中海的岛屿上就发现了33座巨型石块垒砌的远古建筑。而在马耳他岛和戈佐岛上就发现了7座用硕大巨石建造的庙宇，应该说每一座神庙都风格独特，绝不雷同，为什么会如此？现在仍是颇使人费解的问题。

考察马耳他的自然状况，会令人首先注意到那里的条件十分有限，史前先民为什么会选择这样的地方建造神庙，又是怎样不可思议的举动，使不可能成为可能。从心理学的角度看，就是虔诚，是一种坚韧品格的体现。戈佐岛上的杰刚梯亚神殿群形成于4400年以前，是马耳他神殿中最著名的神殿，它面向东南，背朝西北，用硬质的珊瑚石灰岩巨石建成，是属于新石器时代晚期的古迹。杰刚梯亚神殿的大门和墙壁都是用巨石垒成的，神殿外墙的部分所用的石材高达6米，最大的巨石重达几十吨。

在如此古远的年代，人们就能用原始工具将这些巨石用于建筑之中，至今仍有不能解释的地方，如何将这样巨大的石块运送到工地，

马耳他巨石神殿的残垣断壁

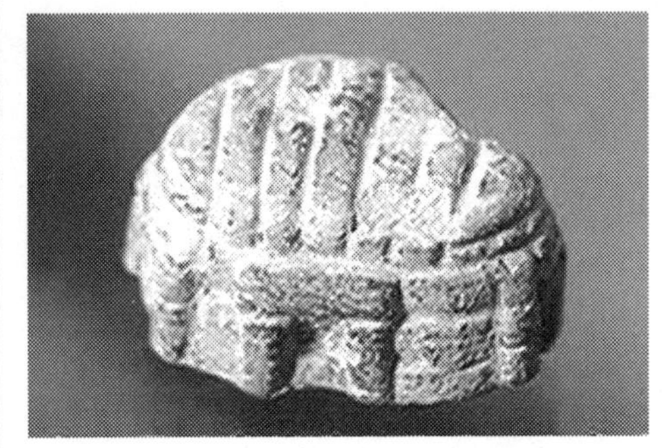

马耳他遗址中发现的史前神庙的石质模型

用整块巨石凿挖的石门框

用整块巨石凿挖的石门框

从庙外至今散落着的滚石球可以得到些许解释。史前先民曾经是用滚动石球来搬运这些巨石的。为什么要搬运几吨、十几吨或者几十吨的整块巨石来建造庙宇？这同样是一个令现代人惊叹的奇迹，它在史前时代的建成，绝不会是一个体型高大的巨人闲来无事的游戏。关键是这件工程浩繁工作的主要目的是什么？它是用来侍奉神明的神殿，史前先民来此祭祀自己的神明主宰。从后世华美的神殿我们就可以轻易推想得知，神的子民同样有超乎想象的才智来敬奉他们的保护者。在史前先民可以探知的过去，他们自认为是英雄的后代，或者说在他们的身上仍然流淌着神的血液。对巨大石块的使用，只有来自人的精神世界的力量，才能激励史前先民以顽强的意志力在最简陋的自然条件下，完成自身超能力的展示，成为自然中的超人。

我们还可以从杰刚梯亚神殿建筑群中，找到一些细节来支持有关史前先民对自己超能力的进一步肯定。在巨石间不用转悠多久，就看到用整块巨石砌成的整面墙壁上竟开凿出了可以进出的门，一般的人们都会知道，用石条垒砌一座门和在整块石板上开凿出一座可供人们正常出入的门来，从技术的难度和所用工时来说，是不能同日而语的，其中如果不含有精神的因素，很难用正常逻辑说明史前先民的智商。

哈格尔基姆神殿的整体设计包含有圆弧的线形，这不同于先前的神殿造型

另外还有哈格尔基姆神殿，坐落在马耳他群岛南部的克雷蒂，建筑年代晚于杰刚梯亚神殿，因而技术更先进，巨石之间吻合得连薄纸片也插不进去。神殿的整体设计也是不同于一般的方盒子造型，其中含有的圆弧线形，融进了更多史前先民的智慧。哈格尔基姆神殿同样建于5000多年前，它又被称为哈扎伊姆的神殿，就是“大石头”的意思，最奇特的是神殿的外墙中嵌有一块状似烟囱的大石头。神殿有很多门，均由完整的巨石搭成，而且石上还规整地雕刻着一些远古先民的符号，我们现在很难猜透其中所包含的具体意义了。

哈格尔基姆神殿也被称为哈扎伊姆的神殿，就是“大石头”的意思，最奇特的是神殿的外墙中嵌有一块状似烟囱的大石头，似乎在喻示着什么？

但就哈格尔基姆神殿建造的角度上推测立起十几米高的巨大石柱，几乎无法获知它的建造者如何使它竖立起来，又是如何令史前先民们在精神上获得极大的满足。但是有一点是可以推测的，就是立起如此巨大的石柱，一定会获得神明的会意，以此得到青睐。还有就是以十几吨的整块石材围起神殿的外墙，在今天看来也是超乎想象的。

将一堆开采出来的石块堆积成内心的精神理想，所付出必须是超乎现实的心理规范。这从后世古希腊人对石头细腻的感觉也能得到最有力的印证。现代的人们无法设想仅凭伯罗奔尼撒半岛上不算久远的文明史，从氏族公社到城邦国，燃烧的宗教感情就使冰冷坚硬的**石头带有了人类的体温（背景链接七）**，同样也赋予石头轻纱婀娜的曼妙，人类居然创造出如此绚烂璀璨的文明之花。因为在他们的心中有奥林匹斯山上的众神，那些看不见的神祇在协助他们完成不可能由人类来完成的奇迹。

人类自远古以来一直就在寻求超自身能力的创造，这是不可复制的理想之美。

神殿中成排的祭台

文化史的研究表明，民族性和自然地理条件之间有着密切的关系。巍峨的山峰与深谷大壑等自然景观，会成为一个国家产生至高权威的有利条件。反之，也会产生另外的场景。

古希腊雕像

古希腊人在他们特有的地中海温暖明丽的环境中发展起来的文明，如其雕刻艺术获得的成就，也就与其自然环境有着必然的关系。希腊没有突出特点的丘陵，也没有巨型的树木，海洋也是内海的形式，古希腊的文明又是在一个由众多岛屿构成的半岛上诞生，因此，那里也就成为萌发自由精神的沃土。否则，就说明不了古希腊雕刻中的温度从何而来。因为自然地理的关系，那里的人们兼有海洋民族与内陆民族的性格。希腊人所兼有的大陆民族的内敛缠绵与海洋民族的刚毅展露于外的民族特性，在他们的雕刻作品上体现得极为明朗充分。其雕刻作品，人的面容都是冷峻的，而对人躯体的刻画却充满了柔情，特别是裹着柔软质地的衣裙，更显露了雕刻者内心的百般柔情。最根本的是一个没有遭受太多磨难经历的单纯民族，直露心性的表现与迅速发达起来的文化剧烈融合后，就带来了这样的结果，这个结果也带来了特有的审美价值。

法老的金字塔群

金字塔是古埃及法老的寝陵。它的集大成者是位于现今开罗近郊基泽三角洲的吉萨金字塔群，矗立在天地之间，雄伟高大，真是人工的奇迹。正统的埃及学在讲到这个世界闻名的金字塔群时，认定它是古埃及第四王朝的胡夫、哈夫拉和门卡乌拉祖孙三代法老的金字塔，是古代垒石建筑的一个高峰。

吉萨高原上的三大金字塔群

由于古王国时期在尼罗河西岸的吉萨和萨卡拉附近建造了许多巨大的金字塔建筑，因此，古王国时期又被称为“金字塔时期”。在金字塔这种陵墓形式确立之前，历经一个相当长期的演变过程，早期陵墓的样式十分简陋，从第二王朝开始，法老对生活的各种欲望不断加大，陵墓也随之被建成一种平顶的石头凳子的模样，阿拉伯人称它 “玛斯塔巴”。它的内部结构与住宅大抵相同，在地下室放有装木乃伊的石棺，入口处有一个不大的祈祷室，虽然它的造型古朴简约，据说却是后来建造金字塔的雏形。在所谓“玛斯塔巴”的基础上，中间还有一个过渡的阶段，这就是第三王朝法老杰赛尔所建的阶梯形金字塔。当时，杰赛尔萌生了使自己安葬进巨大石墓的念头。关于他的这个想法从何而来，现在不得而知了，也许是对石头永恒的一种寄托吧。当时他的这个想法得到了大臣伊姆霍太普的支持，也就有了世界上第一座真正意义上石头建造的金字塔。经过四次的增建，层层垒叠，加至六级，建造成高70余米的梯形高坛，它的阶梯形结构与整体的塔形斜面，构成了舒缓雍容的形式节奏，减弱了石头体量巨大的压迫感，它是这个阶段的杰作，又因它矗立在萨卡拉沙漠的高地上，又名“萨卡拉金字塔”。之后的历任法老都在沿袭这一形式的基础上加以变化。

阶梯形金字塔

到了第四王朝的斯奈夫鲁法老（前2575—前2551年）也就是著名的胡夫法老的父亲时，他在美杜姆、代赫舒尔两地分别为父亲和自己，建造了一座八层的阶梯形金字塔和两座弯弓形金字塔。其中的一座弯弓形金字塔，斯奈夫鲁法老在建造它时有了新的想法，他开始设想用54度角来建筑陵墓的底层，可是在建到44米这个高度时，遇到了困难，只得将角度改成43度，角度的变化减缓了上层石头不断累加承受的压力，但弯弓形金字塔陵墓并不成功，如果从美学角度来看，由于建筑技术的缺陷，建筑的弯弓形的弧度处理得比例失调，塔体的斜面角度收缩得过于急促，没有舒展协调的美感，但是弯弓形金字塔是从阶梯形向尖锥形金字塔的审美效果演进迈出了重要的一步，只等待建筑技术的进一步完善了。还好这一技术性的飞跃没有等待过长的时间。

弯弓形金字塔

真正产生尖锥形金字塔形制的是吉萨高原的三大金字塔，其中最高的一座是胡夫法

胡夫金字塔

老建造的金字塔，建成时间大概是前2551—前2528年之间，令人困惑的是它与代赫舒尔弯弓形金字塔的建造只相隔几十年。而这座胡夫金字塔的很多数据是令人惊叹的，塔的斜面与底面的角度是52度，基座每边长约230米，四边朝着正北、正南、正东和正西的方位，误差几乎少于一度。方位测定之准确，使人无法想象。塔底面积5.29万平方米，塔身花费230万块石料，每块石料重达2.5吨，督建这座“永恒居所”的是著名的建筑师赫米翁努。塔原高146.5米，经过几千年的风化，现高136.5米，通体打磨平整，石块间缝隙紧密，连纸都难插入。塔的内部有伸向塔外的通道，据说，通道的设计是为了死后法老的灵魂可自由出入。当然，还有各种完全不同的说法。从它建成数千年到人类用钢铁建成现代闻名的埃菲尔铁塔之前，胡夫金字塔是世界上最高的建筑物，且经历三次大地震之后依然耸立不毁。于是就有这样一种说法在久远的时间里流传，“一切畏惧时间，而时间畏惧金字塔”。

哈夫拉法老是第二座坟墓的主人。他是胡夫几个儿子当中较小的一个，在他的兄长突然故去之后登上王位。哈夫拉希望通过修建金字

太阳照射下的古埃及金字塔

塔，以取得与父王同等的地位，因此试图造一座更大规模的金字塔，他将金字塔选址在地形更高的位置，让墙壁的坡度更为陡峭，但最终未能如愿。

不过，哈夫拉金字塔的体积仅次于胡夫金字塔，至今顶部依旧残留着石灰石，是唯一一座还能依稀看到当时金字塔稍许原貌的建筑，当年的金字塔呈现出洁白的光辉。塔前建有神殿等设施，东侧传为哈夫拉法老建造的狮身人面像。

第三座金字塔是门卡乌拉法老建造的，他是胡夫的孙子，这座金字塔坐落于胡夫金字塔的东南部，属于最小的一座，内部有两间墓室，外层覆有从图拉运来的石块及花岗岩，它现在的面貌与原来不同，因为经过了一次扩建。另外，此处发现的众多君王雕像以及各种神像，也使其遗址面貌不同一般。

传统的埃及学者对胡夫金字塔的建造有一种主流的看法——数十万奴隶劳动的血汗杰作。古希腊“历史学之父”希罗多德在前450年前后，也就是胡夫金字塔建成2000年后游历过古埃及等地。他在自己的著作中记载了从祭司们那里听到的说法，法老迫使奴隶们为他做工，这些人以十万人交替工作，要劳动三个月。他还命令另外的一群人将“阿拉伯山”（可能是西奈半岛）开采来的石头，从河对岸运至河边，其余的人再将石材借助畜力和滚木，把巨石拖到建筑地点，接着运用工地周边天然的沙土堆砌成坡面，把巨石沿着斜面推上坡道。就这样，沿着逐渐加高的层层坡道垒砌成金字塔。该工程历时二十年完成，可想当时规模的壮观。同时还绘声绘色地说到法老在阴凉处看着这巨大的石堆，在奴隶们的辛劳中一天一天地增高，最终建成。

可是，随着近些年来的考古发掘，考古专家在金字塔附近发现了人群居住的村落，还在他们生活的区域发现了供劳工们休息的集体宿舍等生活设施的遗址。经过对遗迹的勘查和测算，可能有大约25000名劳工，而且吃住有着充分保证。考古专家还在金字塔附近埋葬死者

的墓地发现了大量的随葬品，这些物品是测量、计算和加工石器的工具，证明这里下葬的人就是营建陵墓者，可以把他们认为工匠或劳工，在充分的考古证据面前，确实否定了奴隶建造金字塔的说法。

然而，当把吉萨高原的三大金字塔作为神庙建筑来审视时，它的美学特征就倾向于高耸天庭之路的美学感受，如在某一个特定的地点观看，金字塔的一个面的顶点就好似注视一条路的消失点。它高高地耸立，不是显示法老对臣民的威严，而是上天诸神对法老眷顾的神圣之路。到了第五王朝的乌纳斯法老，就在金字塔墓室的墙上留有铭文“乌纳斯国王长眠在通往天堂的阶梯上，他能由此迈向天堂”，现在完全有理由认为从阶梯金字塔到尖锥金字塔的演化，蕴含着很重要的美学精神演化的趋向，形式从繁复到简约的变化过程，在那个神奇的时代，所有工程技术上的新进展，都极有可能会成为对神示超能力的认定或证明。

从埃及金字塔的底部仰视，就如石头铺成的天梯

黎巴嫩的巴尔贝克神庙

前3000年左右，迦南人在现今黎巴嫩贝鲁特东北85公里处的贝

卡平原北部，修建了一座太阳神庙，被称为“巴尔贝克”。“贝克”是城的意思，“巴尔贝克”可以译为“太阳城”，这里就是崇拜祭祀太阳的最初建筑，也是这一时期为我们留下了巨大的谜团。后来腓尼基人取代迦南人在此定居，他们是否改建了迦南人的太阳神庙，无据可查。再后来古希腊的亚历山大大帝占领贝卡平原，在沿海建立了通商贸易中心，他们同化了由腓尼基人居住的巴尔贝克城，巴尔贝克遂被称为“希利奥波利”，从意思上来说仍为太阳之城。

古罗马时代的希利奥波利神庙遗址

前47年，恺撒大帝认为希利奥波利战略地位重要，投入财力、人力对希利奥波利城及神庙进行建设。其后奥古斯都皇帝驱役两万奴隶，历时数十年，在腓尼基人神庙的原址上大规模扩建。60年，巴尔贝克神庙基本竣工。以后经过300多年的继续修建，最后成为规模宏伟的神庙群，用以祭祀罗马主神朱庇特、酒神巴卡斯和美神维纳斯。312年，君士坦丁大帝皈依基督教，希利奥波利神庙改建成基督

残墙的缺口处两个细小的人影反衬出石材的巨大

教堂，其中的阿夫卡神殿完全拆毁。君士坦丁大帝的继承人朱理安不信仰基督教，阿夫卡神殿得以重建。375—395年间，在提奥多亚的统治下，阿夫卡神殿又被废弃。该地区现存的许多基督教建筑物都是在提奥多亚时代建立的。到了2世纪中叶，由罗马帝国皇帝安托尼乌斯开始，一连几任皇帝再度着手这座神庙的扩建装饰工作，使之成为一座卫城。211—217年卡刺卡拉最终完成这座建筑物，使之成为一座要塞。在7世纪时，阿拉伯人统治了这一地区，这座辉煌灿烂的巴尔贝克又恢复了原名。

巴尔贝克神庙实际上是腓尼基文明与罗马文明相融合的产物。它历经2000多年的文明更迭与自然的磨砺，建筑早已残败不堪，但残存的宏伟规模仍使人惊叹不已。据称它是世界上规模最宏伟的古罗马建筑群，全世界包括罗马，迄今已找不到比它更完整的神庙遗址。如果细细探究巴尔贝克神庙遗址，令人惊叹的不仅是罗马人精湛的建筑设计和纹饰雕刻，更令人惊异不已的是神庙庭院和大殿坐落的巨石砌成的台基，高达数十米的台基由巨石垒砌，也仍有巨石散落在荒野中，长19—20米，宽4.5米，厚3.6米，重1500—2000吨。几乎是地球上人工雕琢的最大石头。这些神秘的巨石是如何被史前先民移动的，令人无法想象，也可以说完全超出了我们今天所了解的工程技术的发展过程。推测这个台基应该是最早在这里建设的迦南人的杰作，但是史前先民们还有过什么样的人群融合与更替，又产生什么样的文化状态，就很难搞得更清楚了。

这里不得不提到人类对神明的膜拜，在心理上已达到了一个怎样相当的高度，它往往超越了人在特定时期里的能力极限。面对两千年前古罗马人雕饰的精美石头，不由发出赞叹，这是罗马人文化精神折射出的光华；再来面对重1500—2000吨的巨大石条，我们又作何感想？它向后世的人们昭示了那个时期人类意志力的强大，是什么样的超越自身条件的能力，赋予他们这样的建造？一个用巨石表现精神内涵的时代。

蒂亚瓦纳科古城

在南美洲玻利维亚4000多米高的荒原上，距的的喀喀湖东南20公里，是蒂亚瓦纳科古城的处所，这里自然环境十分恶劣，周围一片荒凉，空气稀薄，气压只有正常大气压的一半。也就是在这里，存在着一座规模非常宏伟的建筑群。古城的墙壁中有重几十吨的整块砂岩，也有数吨的石块，而组成墙基的竟然是上百吨重的更为巨大的石块，石块之间都有粗大的铜榫相连接，结构十分严密牢固。最著名的是一块红色砂岩巨石雕刻成

蒂亚瓦纳科古城内景观

蒂亚瓦纳科遗址景观

的"维拉科潘"（即雨神）神像，神像高2.4米，重约4吨。这个神像身上布满了上百个难以辨识的符号，考古和天文工作者断定这些符号记载的是天文知识。如果所有现代的解读都正确，石像上记录的大概是27000年前所见星空的情况。而且这都是建立在地球是球形基础之上的记录。另外，在这个遗址上还有由独块石组成的石门框"太阳门"。此门框在比例上十分对称和平衡，堪称是艺术杰作。城中的排水管道制造精细，其精致程度极为惊人。这里的气压很低，空气中氧含量也挺少，体力劳动对于任何一个非本地人来说，都是难以忍受的。就是当地人，搬动石材也不是一件轻松的工作。更重要的问题是，当时生产方式极为原始，怎么把上百吨的巨石从 5 公里外的采石场拖曳到指定地点。据测算，要完成这项任务，运送1吨石料要配备65人和数英里长的羊驼皮绳，总共需要26000多人和难以计数的羊驼皮绳。而这样的推算在考古学上没有找到任何的证据，或者说这一切在当时根本就没有出现过。然而1.8米长、0.5米宽的石头水管像玩具一样散落一地。如今的水泥管与这些制作精巧的水管相比，真可称是粗制滥造了。

这座高原建筑群原是古代印第安人的一个重要的宗教文化中心，大约从前7世纪开始建设，直到7世纪，经过1000多年的修建，这座城市进入了繁盛时期。在贫瘠之地，建造象征卓越精神力的巨石建筑，从古埃及的金字塔和马耳他的史前巨石建筑中也可以看到。在史前先民的先验意念中，坚韧与超乎想象的付出，是磨炼意志智慧，通达神明会意的最好形式。蒂亚瓦纳科在古印第安语中是“创世中心”之意，这个谜一般的城市，正因为Tiwanaku（创世中心）这个称呼泄露了史前先民精神的超能力，对巨大石块的搬运和使用，正是来自他们对创世伟业的暗喻，用以显示坚定的精神信仰，他们居住在高原上是与心目中的神离得更近。他们的智慧也表现出变通的一面，可以在一个人工基址上修建人工湖，从平静的水面观察天体的运行变化，不仰望天空观察星辰，也许更多带有内省或冥想的性质。

关于蒂亚瓦纳科人是如何消失的，这里应提到印加人起源的一个传奇故事。据说最早的一代印加王，是受他们的太阳父亲派遣，从的的喀喀湖出发到达库斯科的。高原上愈发干旱，湖岸远离了这座城市，祭祀或首领决定放弃，前往不同的方向去寻找新的居留地。后来其中的一支也来到位于秘鲁的库斯科谷地，并在那里延续了蒂亚瓦纳科的文明。

蒂亚瓦纳科遗址中精致的石质品

根据现在的一些研究成果

俯瞰萨克塞瓦曼

萨克塞瓦曼水池

萨克塞瓦曼的巨大石墙

萨克塞瓦曼的巨大石头

来看，这一说法与历史有着吻合之处。蒂亚瓦纳科文明消亡之际，正是印加文明兴起之时，另外这两个文明都善于巨石建造，在石材建造技术能力方面同样高超神奇。

关于萨克塞瓦曼的石头建筑

萨克塞瓦曼是南美洲古印加帝国首都库斯科西北一处高山建筑，由巨大石块垒砌而成，它共有三层。每年6月南半球冬至的时候，印加帝国就会在这里举行盛大的祭典，祭祀他们最崇敬的太阳神。祭典从都城库斯科的克里干查——太阳神庙开始，随后参加的人们来到这里，举行一个皇室最大的祭典。史前先民祭祀所要达到的目的是，通过仪式来祈祷太阳不要从王朝的天空消失。

在这三层石墙的顶上，还有一处神秘的地方，那就是位于萨克塞瓦曼最高处的天文观测台。这座天文台的使用方法至今仍不太明确，研究者只知道其中一个功能是用来占卜来年的国运和收成。当太阳祭典开始的时候，从克里干查神庙来的人们，穿过一道石门前往天文观测台。在天文台上有一条水道，把水注入各个水池里，每一个水池如同一面镜子，它们代表着一年中的月份。

神庙的窗户上窄下宽

秘鲁库斯科城里最重要的印加文化遗址在著名的圣多明哥教堂里面。在印加时期，这里本是印加帝国最辉煌的神庙——克里干查，这个巨石建筑被黄金与宝石装饰得非常华美，印加帝国最重要的祭典在这里举行。西班牙人统治这里之后，拆毁了太阳神庙，在它的基础上修建了圣多明哥教堂，却仍有部分原来的太阳神庙基础建筑奇迹般地保留了下来，也许只有印加的工匠仍然明白其中孕育的含义。得以保留的原来神庙的窗户上窄下宽，形状独特，印加建筑的特征表现得尤为突出。据说在印加帝国时期，每年6月21日的早晨，印加帝王能在这里的正前方看到冉冉升起的太阳。对太阳的信仰在古代印加人心目中至关重要。

在萨克塞瓦曼，最令人印象深刻的要算这里的三层梯墙式建筑。按照印加传统的说法，这三层石阶代表三种不同的天象，第一层代表闪电，第二层代表风暴，第三层代表雷鸣。萨克塞瓦曼也是印加巨石文化最具代表性的建筑之一。这里最大的一块石头重达300吨。最初见到这些巨石建筑的欧洲人曾不假思索地认为这些奇迹皆是11世纪至15世纪的印加人创造的，其实就是在15世纪，世界上都难以寻找到可以在平地上运输重达300多吨的巨石工具，更何况这项工程是在陡峻的安第斯山脉上进行。至今在当地也从来没有找到过印加人切割、打磨、运输如此巨型岩石的工具。这些巨大的石块引起人们的惊叹和困

惑——当初的建造者是用什么方法将这些巨石轻易地切割、运输、倒置并准确地放置到它们各自的位置上呢?

当地印加人的解释源于自古以来的传说，这些巨石建筑在印加帝国建立之前许久就已经存在了，它们是由一位叫作维拉卡查的神与信徒们建造的，而印加人只是这些巨石建筑的使用者和守护者。西班牙史学家维加在其著作《印加皇朝述记》中记载了一件真实的事件，曾有一位印加国王想要显示其统治的功业，试图效法修建萨克塞瓦曼的先人，从数千米之外运来一块巨石，由2万名劳役牵引着这块大圆石，沿着崎岖陡峭的山路艰难行进，途中巨石忽然坠落悬崖，压死3000多人。记载中并没有对石块的重量加以明确的说明，也可以印证当时的印加人确实已经不具备修建萨克塞瓦曼的能力了。

我们知道印加帝国仍处于石器时代末期，它的青铜与黄金冶炼技术已经进入相当发达的阶段，他们冶炼大量黄金制成辉煌灿烂的工艺品奉献给神明，以此作为对精神信仰的寄托。人类已经忘却了以巨石的伟力来展示神明的伟大，彰显自我的非凡已经成为过去，这就是文化精神实质在不同阶段显示出的不可复制性。

上面一块被倒置的凿有阶梯的巨石斜倚着

随着凝聚着精神之源的意识形态的转移，为新的信仰形式确立不可动摇的权威地位。崭新的方式方法的发明与使用彻底地封闭了过去某个时期为之竭尽全力的信仰方式，维拉卡查神的时代还没有发明黄金的冶炼，而提炼这种辉煌如灿烂阳光一样的物质，成为帝国统治者更好的侍奉神的祭品，在古埃及的文化中，就称颂黄金为“众神的肉”。如果印加帝国的人们的宗教幻想要在巨石与黄金之间做出选择，这个抉择就成为对巨石建筑技术无解的谜底，他们要彻底地忘却另一种形式的对神的恭敬。就是刚刚进入印加帝国的西方人也弄不清这种巨石建筑技术的原因，因为这个帝国的人们确实是不记得在久远时期里发生的事情，这里描述的精神过程是一个极端的方式。

因为历史经常与人们的意识形态开些恶意的玩笑，随着艺术史或美术史观念的更迭演化，后来的人们竟不知先前的人们是使用了何种技术方法去完成他们的创造，以致到了无法复原的地步，这就是最好的注脚。

世界肚脐上的石头

传说公元前6世纪，古希腊的宙斯神在大地东西两端放出了两只白鹭。结果两只白鹭最终在德尔斐相遇，于是，宙斯就指定在这个地方，从天上降下巨石。从此，德尔斐就被希腊人认定为世界中心，这块巨石被称为“大地的肚脐”。于是这里就成为对阿波罗神膜拜的处所，古代社会最尊敬的神谕之地。据说在当地阿波罗神庙的入口刻着“认识你自己”的格言，其实人类很难认识自己。南太平洋一个远离大陆的弹丸小岛也叫

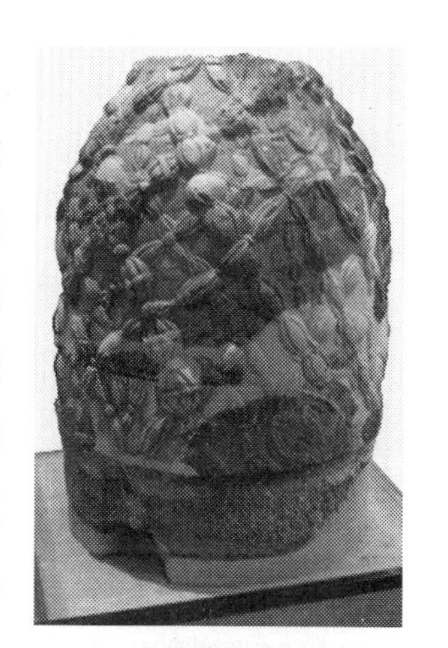

德尔斐被希腊人认定为世界中心，天上掉下的巨石被称为“大地的肚脐”

“世界的肚脐”，很难说这里是神谕之地，但是这里的神奇存在，使人困惑莫解。

智利的复活节岛位于南太平洋中，复活节岛上的居民称自己居住的地方为“特比托奥特赫努阿”，意为世界的肚脐。该岛是在1722年由荷兰船长库克登岛的日期来命名的，那天正巧是复活节，于是就将土著居民的“世界的肚脐”更名为复活节岛。这位船长是第一个记载描述复活节岛的西方人，眼前看到的一幕就是年深日久后石像或斜立在草丛中，或倒在地面上，巨大群像倒塌毁损的样子令人惊异，他也让世人知道了这个“肚脐”。

在浩瀚无垠的太平洋中，这座面积仅为170平方公里的小岛，其上有600多座形制相同的巨大石像，岛上平均0.28公里就有一座石像。它们刻制技法精湛，造型奇特。这样的景观有些奇异，何况那些石像大多是集中在海边摆放的，以这么多的石像面对大海，这是沉默对沉默的力量，似乎其中被赋予了一种巨大的声响！

复活节岛上的特殊之处是矗立着巨石人像。这么多的石像是什么人雕凿的？石像刻的是谁？目的又是什么？岛上居民对于这些石雕历史丝毫没有记忆，在他们世代的传说中，雕成的巨石像可以自己走到它们现在的位置上。原来石像上还挂有书写着象形文字的木板，岛民也根本看不懂了。

复活节岛上的石像，一般高7—10米，重30—90吨，全部是半身像，长形脸，表情冷漠，深目大眼，翘鼻，大耳垂肩。象征性的手臂捂于腹部，没有更多的形体语言。石像的眼睛是专门用发亮的黑曜石或闪光的贝壳镶嵌。另外，还发现了比这些巨大的石雕像还要大一倍的石雕像，但它们多是半成品，尚与山体连在一起，还没有剥离下来，早期来到这里考察的人还在采石场发现过青铜楔子。考古学家发现巨石人像头上的帽子是从岛屿西面的火山上取材的，把这里红色的火山岩雕凿好后再运往海岸，如何把同样巨大的石刻放置在近10米高人像的头上，对于史前先民来说又是一个巨大的困难。

考古学家和人类学家们登岛考察，企图找到最终的答案，提出了许多种假设，也只是猜测而已。考古学家推测，至少每天要动用30个劳工，工作8小时，约用1年时间才雕凿出1个石像。如果将搬运石像到海边的工程量加进去，就需要90人干60天时间将石像搬运出来。然后，再用90天才能将石像耸立起来。

要揭开这些环绕整座岛屿神秘石像的秘密很困难，虽有文字记载，但目前仍没人能解读其中含义。从被推倒摧毁的石像遗迹来推算，考古学家认为复活节岛巨石像曾有800多座，记录着拉帕努伊人对信仰神圣力量的坚定执迷。巨石像建造时间约1000年，拉帕努伊人相信岩石可以象征他们神圣信仰永恒不灭，因此利用岛上三座死火山的火山岩在数百年间建造了巨石像。

考古学家还推测，拉帕努伊人将这些石像视为守护神，保佑作物丰收及好运，因此每个部落都拥有自己的石像。但随着人口增长，拉帕努伊人全盛时期曾高达7000人，巨石像的尺寸和数量也随之增加，有些石像体积甚至大到无法搬离采石场。复活节岛的棕榈林规模很小，巨石像却庞大无比，最终树木被砍伐殆尽，生态系统完全破坏，

尽管巨石像已经倾废，仍然彰显着那个狂热而自信的时期

食物逐渐短缺，也无法建造船只离开，被困在岛上的拉帕努伊人，甚至相互残杀取食人肉。巨石像也在这样的心情下被推倒毁坏。

很难想象在一座孤悬于大洋中，渺如灰尘的小岛上，在物资匮乏，生态贫瘠的状况下，人们会因为祈祷保佑作物丰收及好运的降临，而树立如此大规模的巨石雕像！这个性价比很难成立。

如果从人类精神的脆弱与强悍这一最基本的生存愿望出发，复活节岛更像是一个宗教传说的圣地，如土著人所说的“特比托奥特赫努阿”——世界的肚脐。祭司们带领信徒们来到这里试图唤醒这个神灵的世界，如同巨石像象征性的手臂捂于腹部，似乎拱卫着自己的肚脐。在数百年的时间里，这些人一代代地如同苦行僧一样生活，全凭着精神的力量，唤起内心超越时代的能力，石像越建越大，等待着神明的出现。然而在某一天，这个信仰破灭了，如同印第安人一次次地离开他们建造的华丽城市一样，复活节岛上的人们也像远离魔咒一样，彻底地避开了他们的精神支撑，彻底地忘却了那些令人炫目的精神力。

本书这个关于复活节岛是圣地的假说，还未见其他人持这一观点，如果能深入地研究下去，一定会有更多的发现。

巨石人像都在用手拱卫着肚脐，它们是以这样的姿势在告诉什么人，这里就是一个圣地。巨大而众多的石像反映出人心的焦虑

史前先民的审美与娱神

导语

史前先民所具有的审美观，完全来自于内在的精神因素——宗教感情。宗教之所以得以发展，也是因为人有与生俱来的宗教情感，一旦时机适宜，人类的宗教感情就会蔓延开来，极有可能它就是巨石建筑的重要成因，由感性的脆弱而虔诚、而强悍，人性的集中释放来自宗教的力量。由祭祀、祈盼而生发的对外部世界的渴求，使之抚慰灵魂的孤寂与躁动。这样的宗教与审美相伴的美学史，一直从史前文化的原始宗教开始，在人类的精神世界中几乎延续了数千年，起着教化人伦、陶冶精神的作用。艺术史伴随着宗教的发展，就世界范围的普遍状况是，审美从没有直接强调个性色彩，直到数百年前的文艺复兴时期，事情才开始有了变化的契机，人们的宗教情感渐渐地从宗教感情中分离出来。

对精湛工艺审美的解释——娱神

金字塔内部甬道中石块严密契合的状态，其紧密程度和规整的直角，令人难以想象

在巨石文化时代，史前先民最先把巨大的石块移到较小的石块之上，随之是工艺技术愈加精湛，直到垒砌高耸的巨大建筑，这都是缘起于人类普遍怀有的宗教情感。考察史前先民的巨石建筑，除了它们形制的恢宏巨大之外，就是对建造质量的精致追求，几乎达到了一种苛求的程度。

在世界范围里，古代人都是用点燃香料来祭祀神明的，据说是神闻到他们喜爱的香气，就会来享用他们的祭品。其实，巨石建造对极致的渴求，如超大石块的搬运、石面的平滑度和石缝的密合度，也都是借此达到娱神的目的。埃及金字塔原有的白色石灰石敷面制造出的在黄沙之上，天空之下，闪现着一片白色光辉的效果，也是以娱神为目的。无独有偶，在南美洲也有许多巨大金字塔被涂成白色，也是同样的含义。

印加人在建造萨克塞瓦曼遗址中总共用了30多万块石料，大多数都是重达数十甚至数百吨的巨石。古堡是古代印第安人举行“太阳祭”的地方，它修建在一个小山坡上，从上至下有三层围墙，每一层墙高达18米，长540米，均用巨石垒砌而成，在这些精心雕凿的巨石中，其中最大的石块高达9米，宽5米，约361吨重。令人难以置信的是，这些笨重的巨型石块被精细地雕凿成多角形，然后又巧妙地拼合在一起。有些石块上不仅凿有台阶和斜坡，还有的刻着螺旋形的洞眼，以便与别的石块吻合。雕琢的手法极为轻巧流畅，缝隙之处细如发丝，连手指也摸不出来。这样的工程水准，如果说仅仅是为了防范敌人的进攻，就有些难圆其说了，唯一的解释就是精美雕琢的巨石具有娱神的功用。

研究者在古埃及的石料遗址上发现有巨大轮盘锯的痕迹，另外在一些制作完成的雕像上，也发现有加工之后，尚没有完全去掉的轮盘锯的切痕，并不要以为这只是人类文化历史上一个偶然的灵光。中国四川广汉三星堆博物馆中，陈列着几块几吨重的玉石，在这些玉石上面也有奇怪的切割痕迹存在。

人们普遍认为史前先民解玉是用线或是韧性极高的植物，经过反复地拉动来进行切割。而三星堆博物馆陈列的玉石原料，在解玉的切割痕迹上出现了异常现象，这些玉石上的切口是中间凹，两头翘，这样的弧形切口不可能是用线切割出来的。而且这些缝很薄，也不太可能是石器切割的，因为切割这么薄的石缝石器也会断裂。这些玉石上的痕迹，

从萨克塞瓦曼远眺谷地上的库斯科

很可能是使用了某种特别的工具，先进程度更类似于用轮盘锯向下切割形成的。研究者通过对玉石上次生物进行细致的研究，至少能够间接断定，玉石上的切割痕迹来自于远古文明，至少有9000—12000年的历史了。

疑似古埃及遗留的机加工痕迹

现代的轮盘锯在加工石材

那个远古时代的科技文明来自于宗教感情！因为对神明理性的痴迷而癫狂的思维创造，真使科学也疯狂。人类历史中文明高峰的迁徙更迭，也随着巨石文化的衰落而起伏。面对巨石加工而单独发展起来的技术流程，以及相适应的工具发明，随即淹没在历史的尘埃中。

古埃及卢克索和卡纳克神庙是世界上最壮观的一类巨石建筑物，它是古埃及第十八—十九王朝法老（前1398—前1361年在位）艾米诺菲斯三世为祭奉太阳神阿蒙、他的妃子及儿子月亮神而修建的。到第十八王朝后期，又经拉美西斯二世扩建，形成现今留存下来的规模。卢克索神庙长262米，宽56米，塔门是神庙的主要入口，塔门高达38米，在门两侧矗立着六尊拉美西斯二世的巨石雕像，其中靠塔门两侧的两尊高达14米。主殿有16行共134根巨石圆柱，其中最高的12根，每根高在20米以上，柱顶可站百人。这可是数千年前人们的创造，其气魄的恢宏，令人咋舌。这种对宗教的敬仰，如果不是彰显的14米高的拉美西斯二世的巨石雕像，我们看到的就是单纯的娱神，然而这里还有另外一层意思，法老借助神明在自娱。

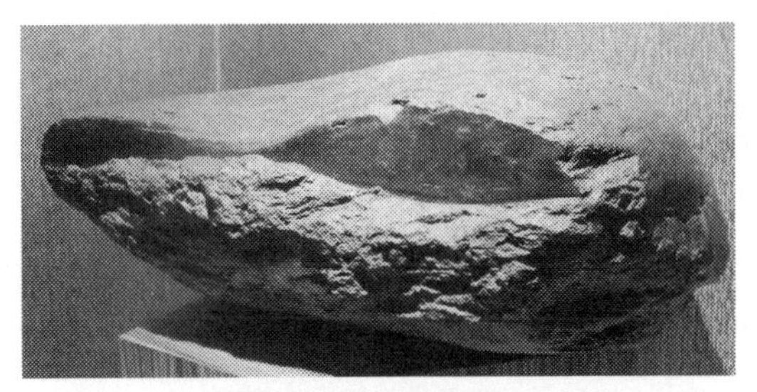

三星堆博物馆中疑似机加工的巨石

中国四川成都金沙遗址出土的太阳神鸟金箔，是史前先民最伟大的艺术作品之一。直观来看，从太阳神鸟金箔中央的旋涡形芒尖的大小、弧度及周围4只飞鸟的形态判断，先民在切割时应有相应纹饰的模具。研究者精确测量之后发现，太阳神鸟金箔的外圆并不十分规整，极有可能原来取料为正圆，镂空后略有变形。4只鸟在圆环上的分布并非是均衡对称的。但4只鸟身长相等，表明在成形过程中可能有过度量。但细部互不相同，如颈与腿均不等长，说明并非有一个统一的模本。太阳神鸟金箔图案内圈12个芒尖图案的切割并没有严格的设计，芒尖图案的长短、宽窄和间距各不相同。据推测是随手切割而成。虽然没有严格的设计，制作者却熟练地做出了预想

蒂亚瓦纳科古城中面积巨大的石板，其平面的规整程度也使人不可想象

太阳鸟金箔

的图案，金箔外圈4只鸟的左旋与内圈12个芒尖的右旋，形成一种动态的对比，由此更能说明史前先民的内在艺术感悟。

与其说史前先民利用他们所能掌握的一切知识在娱神，不如说是在利用宗教情感自娱。太阳神鸟的外圆周长是39.27厘米，研究者不清楚这个圆周尺寸是否包含有宗教上的特殊意义。制作者极有可能选择这个尺度是因为它是普通男子拇指、食指围起来的大约围度，这个现象可以用来解释人类心理的奥妙吗？人在为神制定规则。古希腊的神话说，神是按照自己的形象塑造了人的形象。有意思的是，人一直假托神的旨意，发展创造着自己的辉煌文明。

蒙娜亚德拉神殿的美学意蕴

三叶苜蓿叶片

蒙娜亚德拉神庙，宽约70米，它的整体轮廓从高空俯视来看，就如同植物三叶草的一片叶子，也不能排除就是三叶苜蓿引发了最初的想象。从直观的角度说，它就是三组用巨石围起来的形成套间关系的石头围栏。它们之间因为宗教而形成的结构关系，可以说已经茫茫然隐身在历史的暗影里了。如果说人类的美学感受都是基于对向往的真实进行体验这一点，我们就有理由对这座神庙进行分析，研究其中所蕴含的美的原则，到底是什么样深层的心理动机，赋予了建造者的设计灵感。

对人类社会发展史稍有了解就可以明白，人类从旧石器中期到新石器时代中后期，基本是属于母系氏族社会时期，这一段史前先民的文化状态与精神面貌，我们的了解应该还很少。女性的坚韧、感性和非理性的创造性精神，往往来自母性本身，会给人类的文化启蒙带来什么样的心理影响，这个问题是我们应当深入探究的。

俯瞰蒙娜亚德拉神庙犹如女性躯体

比较起戈佐岛上杰刚梯亚神殿形制粗犷到有些坚硬的整体风格来，蒙娜亚德拉神庙就显出秀美的神韵。神庙整体弧线的线形无疑起到决定性效果，更为细致的探讨是，神庙门框的柱石又起到截断弧线的作用，使它看起来不能形成闭合的圆形，这样有助于各个弧形线段之间产生相互呼应的效果。

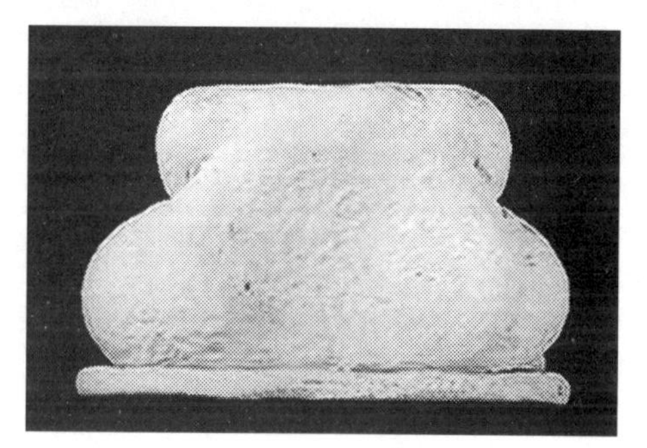

马耳他女神的躯体

太阳光线以强烈的阳刚的面貌对应了月亮的柔美，世间万物在它的照射下生机勃勃，太阳光线形成的光柱暗喻着，那就是太阳神的阳具。我们完全有理由认为蒙娜亚德拉神殿的主殿设计，就是一个丰腴女性的胴体，代表氏族的首领或大祭司，阳光在某个特定的日子，穿过神殿的甬道，直射在套间中的祭台上，表明太阳神的精华注入给了氏族人群。研究者经过推算，知道了太阳光在公元前10205年夏至与冬至日照射的就是这个地

女神肥胖的下肢

方，祭台—心脏—灵魂寄住的地方。而两边的侧殿象征氏族首领的助手，它们的功用显示在不同的时间段里，同样有助于凝聚力的强大。史前先民以此祈求丰饶，同时也有以女性的特质娱神的意识。企盼大地丰饶，氏族繁衍兴旺。

在母系氏族社会，性对于异性的诱惑同样充满魅力。从法国和奥地利奥林多夫出土的两件新石器时代母性造像就可以明确地看到这一点，一方面女性是一个号召者，理解为强有力的首领。另一方面女性又以女性自己独有的妩媚，带给异性愉悦。处在洪荒年代的氏族人群，驱动创造力的形成，是以血缘为纽带展现的，组织人群去完成一件宏伟的工程，其惊人的创造力，是我们今天无法想象的。

这使我想到酒神，狄俄尼索斯创造的无边法力，结合阿波罗的理性与形式感，或许它就是史前先民超越时代的精神利器。

美学的发端无疑是人类为自己的精神生活得更惬意，**而寻找精神上的理由（背景链接八）**。

再谈有关胡夫金字塔的建造

当代对古埃及美术史的研究，就是以近二百多年间发展建立起来

每一次注视金字塔都会给人以不同的联想

布朗库西在意的是如何在万物中找到生命的本质，他只选择少许主题，以不同材质去创作。他那件《空中之鸟》无论从哪个方面来看都不像一只现实生活中的鸟,它甚至不像是艺术品而像是机械零件。布朗库西仅仅着眼于纯粹的造型意义，使之富于空虚永恒的意境。他的单纯的抽象性，始终介于原始生命意象与形而上的秩序之间，包蕴着活跃的生机和幽深的哲学意味。他在现代雕塑中建立了一种新的节奏，一种充满原始活力的单纯性，是一种象征的示意。他抽象的雕塑语言，从来没有真正脱离过自然的形象；他可以将一件作品打磨得异常精致细腻，而另一件作品则又表现出未加雕琢似的原始和粗放。在材料上，他偏好采用大理石、木材、铜铸，表现材质的生命与单纯形态，透过磨光的精致处理技巧，展现石头或青铜的优美造型曲线，风格像水一样的清澈，无限纯净。这都是他那不受约束的自由性格所致，完全依照内心的需求。他被尊称为彻底抽象与单纯化的前卫雕刻代表人物。

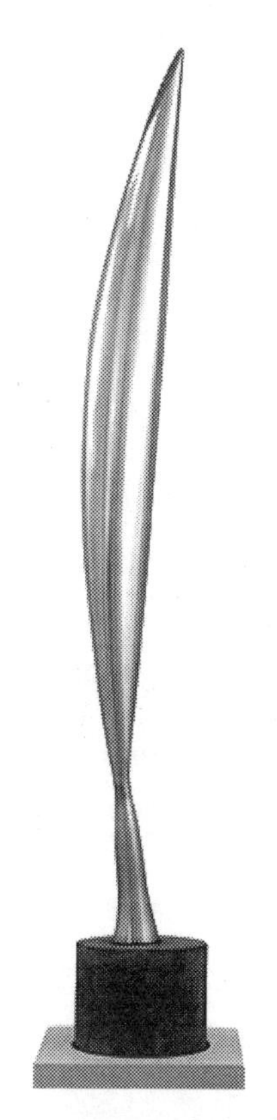

布朗库西《空中之鸟》

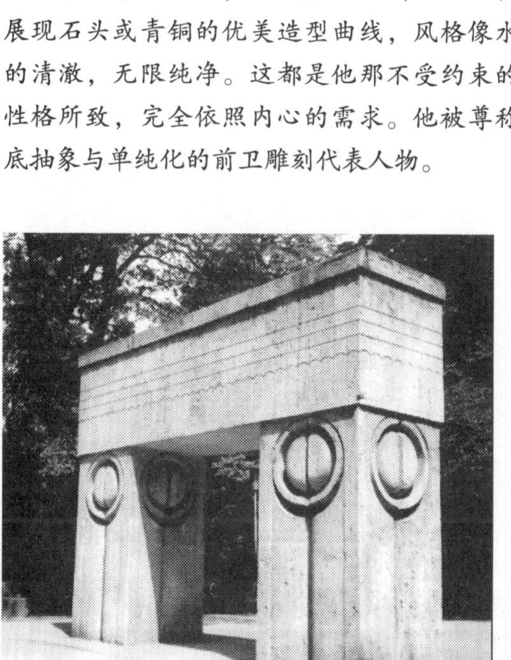

布朗库西《吻之门》

布朗库西的《吻之门》与蒂亚瓦纳科的“太阳门”相比较，可以体会到其中所共有的生命的意义，从形式的结构来看，布朗库西更考究于一个独立的建筑形式。而“太阳门”是一座神庙的大门，它所被赋予的精神更为广泛和深入。由此看来人类数千年的思维模式并没有太大改变。

的埃及学为基础来叙述的，但是随着埃及学研究的不断深入，各种猜测与说法也给美术史带来一些混乱和有趣的说法。

今天看来对于金字塔的建造仍有诸多谜团，建造方法便是其中之一。为什么会把平均2.5吨的巨石不断推进到140多米的高度，垒砌起高达52度的坡度，坡度与每个石块的体量是什么样的关系，才能使这座大金字塔巍然屹立数千年不倒。在古典审美中，只有应和了自然的法则，才是人们审美的高度。关于52度这个坡度，从高山使细沙自然流下，堆积起来的微型沙堆正好吻合了这个52度。它与大金字塔的设计建造，或者其中包含着的审美法则到底是一种什么关系，又究竟是何人建造了如此宏大威严，而艺术风格又如此简洁的工程，一直存在着不一的说法。但可惜的是，古埃及人并未留下任何关于建造方法的记录。另外关于这三座金字塔组成的金字塔群有着什么样的隐喻，并没有更为详尽的表述流传下来。

关于吉萨高原上的金字塔群的建成，确实有不少令人困惑的谜，对于古埃及人这一巨大文化现象中所包含的美学意义，值得进一步来探讨。

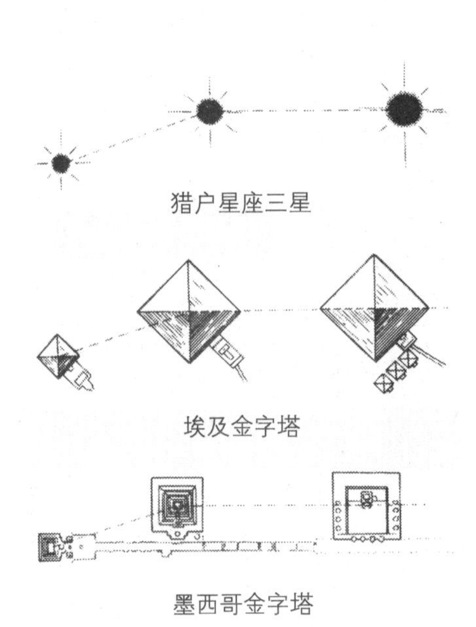

现代对胡夫金字塔群的研究成果认为，它对应着天空中猎户星座腰带上的三颗星星，这是一个极为重要的发现，因为还有旁证作为佐证，就很难说它的建筑是一个巧合。另一个奇妙的例子是墨西哥首都西北50公里的古城遗址特奥蒂瓦坎。城中的羽蛇神金字塔、太阳金字塔和月亮金字塔的建筑方位，完全相同于埃及吉萨的三大金字塔，也就是说，古代印第安人也是依照猎户星座腰带上三颗明亮的星的排列，建造了特奥蒂瓦坎的主体建筑。

缀满繁星的天空带着迷幻色彩，因为星光强弱的不同，夜空更像一个有着许多层的半球，它带给远古先民什么样的思考与想象，我们无法设想，但是它具有的启示作用，因为一个偶然的灵性，会令人们把巨大的热情和才情倾注到创造中。其中蕴含的艺术思维，被一种崇高的感情支配着，总是带有人神交会的使命感。

古埃及人是用怎样的精神状态来撬动巨石，建造神庙的

古代先人使用了令现代人也瞠目的高超专业知识，花费了浩大的资金费用，建筑起的宏伟建筑群，其中必定含有某种神秘的宗教象征意义。羽蛇神金字塔祭祀的神灵就是印第安人的主神羽蛇神，所以特奥蒂瓦坎的金字塔的实际功能是神庙。那么埃及三大金字塔的功能是神庙还是陵墓建筑呢，是天人合一的哲学观念，还是营造幽冥阴间的庞大建筑，或者是两者兼顾，这在心灵审美方面就存在着巨大差异了。

一个有趣的问题就是位于代赫

埃及壮观的神庙的进口处

古埃及人将太阳光设计到神庙中，使巨石与光线相融合，在光的变化中体现观念的永恒，这种思考和运用令人惊愕

舒尔的弯弓形金字塔的建造时间假设为斯奈夫鲁法老在位的初年（前2575），胡夫金字塔的建造时间就假设在胡夫在位的最后一年（前2528），这只是一个约数，这就有意思了，短短50年的时间里，古埃及人的建造工艺竟有了突飞猛进的发展，跨过当时的技术瓶颈，这真是不可思议。以此来看，关于哈夫拉建造要超越父亲胡夫金字塔的设想，仍有技术难题横亘而难以跨越。愈发显出胡夫时代的神奇。后世祭司们无法解释而胡诌的谎言，一旦记载为历史，会欺骗世界数千年，搅乱了人们对古代审美历史的认定，这真是一个滑稽。另外，现代科技研究证明，对胡夫金字塔大石块间的砂浆混合物进行C-14检测，竟有5000年以上的历史，远远超过胡夫法老的第四王朝。对与远古时代文化紧密联系的美学史的认定，是与考古学有着密切关联的。

关于巨石垒砌的金字塔，从艺术思维的角度看，它的建造极致都是与自然法则相适应的。从人的精神和心理层面看，关于它向哪个审美方向延展，是需要我们深入思考的，形式感的极度冷静被一堆亿万吨的石块塑造出来，这两者之间需要史前先民什么样的心理机制！

建造如此庞大规模的世间奇迹，人们应该还抱有一个巨大的奢望，那就是使这堆石头具有娱神的作用，以此来彰显他们的诚挚之心。其实对此不能简单地妄加论断，只能在拥有更多更深入资料的情况下，做出相关的美学论述。

太阳门设计中的黄金比例

如果说南美洲高原上太阳门浮雕的宗教含义晦涩难解的话，从艺术设计的角度来探究，就会发现当时建造者的殚精竭虑。

在太阳门门楣居中的位置上，雕刻着太阳神的形象（也有说是雨神），这也足以显示它的重要位置，如果用黄金比例1∶1.618框住太阳门的话（白线示意），其中一条矩形的边正好从太阳神的足下通过。如果我们的视点正对着太阳门，在这个黄金比例中门洞的右侧墙面也正套着另一个黄金比例（黑线示意），只是因为太阳门的左侧墙面因为残破，情况不明，与黄金比例略有出入（黑线示意）。再看太阳门的门框以内，黄金比例的一个边所处的位置也十分有趣，按照科学考察数据，测量出的南美洲印第安人的普遍身高为160—170厘米之间，人的视点正好在门框内黄金比例的上沿区域，如果选取古代印第安人普遍身高在165厘米上下这个数据来看，从视觉的角度会使人通过门洞时，其宽度给人以较为舒适的感觉。

太阳门中隐含着数个黄金比率

再说太阳门上的太阳神，它所处的地方对于整座门构成的黄金比例的宽度来说，取中间的位置。再把门框内的黄金比例向上移，框住太阳神时，黄金比例的下沿正好靠近门框的上沿，因此，就有了太阳神是处在另一个境界中的臆想。人的视觉范围在门框给出的黄金比例和太阳神所处的黄金比例之间，不论是向上看，还是平视或向下看，其视觉高度也处在一个相当适合的角度，对于人的崇拜心理，就会施加更有力的影响，应该说宗教感情在这样的方式中得到了最大程度的放大。

更为巧妙的是门楣与石质墙面之间凿刻出的区隔横线，被十分突出地强调出来，用以淡化黄金比例在多处使用而形成的概念僵化的效果。同时，门楣上的雕刻风格也采用了与平整墙面相协调的平面浮雕手法，就是因为浮雕的造型基本不采用带弧度的体积，形象的设计也多倾向概括为几何式的造型方式。

尚处在石器时代的古印第安人是用什么样的美学理论铸造了这一切？直觉是一切美学的基础，他们把虔诚融进审美意识中，未必真正了解黄金比例。期待有更深入的研究发现，在他们的数学计算中找到明确地对黄金比例的阐述。

后来又发现与太阳门同一个遗址的大卡拉萨萨亚神庙，是蒂亚瓦纳科人举行宗教仪式的场所，进入这个场所的门也是一个近似黄金比例的形式，还有更多奇特现象未被认识。

这里要着重提到的是，黄金比例的数学计算，只是人对视觉效果的普遍感受，并不受时代的限制，只要人的意识状态处在对形式感敏感的阶段时就会发生。史前先民对黄金比例的认知，足见其文化精神所处的高度。

当我们谈论艺术的高度时，很难说远古先民与我们当今要做出什么样的比较，或者说在什么状态或层面上做出比较，**循环往复的时间为我们昭示了些什么？（背景链接九）**

《熟睡的缪斯》是布朗库西的经典，同样它也是一件向所有远古时代遗物表示致敬的作品。现代艺术是在古代的文化废墟上成长起来的，尽管它残缺凋零的令人感叹，依然是任何一种创造都离不开它的文化基础。

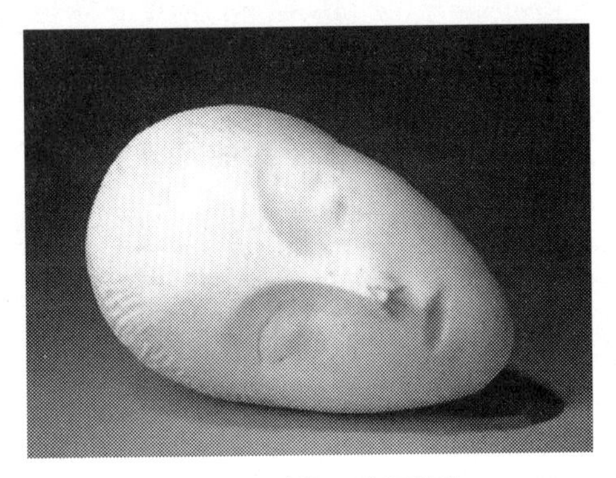
布朗库西《熟睡的缪斯》

摩尔《王与后》

《王与后》被放在苏格兰贫瘠丘陵的一片旷野中，他们仿佛从遥远的古代一直端坐到今天。雕刻家摩尔说："我并不认为我们将会脱离以往所有雕塑的基本立足点，那就是人。"摩尔被原始雕刻所吸引，主要是材料与形体的完美结合所生发的魅力。摩尔曾写道："当我一发现墨西哥雕刻时，它正适合我意……它切合于材料，它有巨大的力量而无损于它的敏感性……我认为这些使它不可能为任何时期的雕刻所超越。"

在那个垒砌巨石建筑的时代，人们烧制了石材一般坚硬的神像。很难说这件红山文化的女神头像不具有深厚的文化根基，是什么样的思考给予它灵魂。它的造型充满活力，这是它的创造者心灵的伟力的折射。人因为心灵的脆弱而创造神明，同时又因为蛮荒赋予了生命野性的强悍，让它的膜拜者坚实地走向未来。

牛河梁女神像

羽蛇神庙的精妙计算

1849年发现的玛雅文明遗迹表明这是一个有着高度科学文明的民族，当人们发现它曾经的城市时，已经是热带丛林中的废墟了。范围在墨西哥尤卡坦半岛和危地马拉、洪都拉斯、萨尔瓦多等地，面积约30万平方公里。后来发现这个民族的后裔散落居住在丛林里，过着石器时代的生活。考古学家们经过考察玛雅人留下的巨大金字塔、神殿和一些建筑，认为是他们创造了这辉煌的文明。

墨西哥尤卡坦半岛东北部留存的最大的玛雅古城奇琴伊察中，有一座以羽蛇神库库尔坎命名的金字塔。库库尔坎金字塔是为了祭祀奇琴伊察主神库库尔坎而得名。库库尔坎金字塔是奇琴伊察古城中最高大的建筑，占地约3000平方米。由塔身和神庙两部分组成，高约30米，塔底面为正方形，四方对称，底大顶小，四边棱角分明。台基每边长55.5米，共9层，向上逐渐缩小至梯形平台，上有高6米的方形神庙。塔的四面各有91级台阶，四面共有364级，加上最上层的平台，正好是一年的天数。塔的每个侧面都整齐排列着52块雕刻的石板，52这

奇琴伊察的羽蛇神庙在特定节令里呈现的神奇景象

个数字也正对应着玛雅人的一个历法周期。这座古老的建筑，在建造之前，经过了精密的几何设计，它所表达出的精确度和复杂奇妙充满戏剧性的效果，令人叹为观止。

平时，整座金字塔显得毫不特殊。每年到了春分和秋分这两天的日落时分，北面一组台阶的边墙会在阳光照射下形成弯弯曲曲的七段等腰三角形，奥秘在于这羽蛇神身躯以暗影的形式隐藏于阶梯形塔身断面内，连着金字塔底部雕刻的蛇头。日落偏西的时刻，从某个特定角度望去，阶梯暗影映在矮墙上，好像是蛇头后面的蛇身随着落日余晖角度的变化，宛如有生命般地徐徐游动，自天而降，宛若一条巨蛇从塔顶向大地游动，象征着羽蛇神在春分时苏醒，爬出庙宇。每一次，这个幻象持续整整3小时22分，分秒不差。库库尔坎金字塔上这种惊人的景象，只有依靠高超的几何计算才能获得，这是娱神的力量吗？这里要说到，玛雅人同样善于巨石建造，他们建造金字塔的巨石，据推测来自10公里外的地方，玛雅人不仅能开采数吨重的石头，还能把它们切成块状，再垒砌成20多米高的建筑结构。

史前先民执着的宗教狂热，又如何带给他们理性的精密计算，这将再一次提到精神的脆弱与强悍，如果没有切割巨石这样令现代人也惊叹的工程，如何驱赶人性深层中的脆弱心理。强悍的作为又把他们的精神托举到一个思维的高度，痴迷使史前先民找到他们使用理性的方法，如何在不是科学时代，以神明的名义，运用数学思维的缜密而规范的概念，来达到一个令人匪夷所思的文明高度。

史前先民用沉重的石头来建造巨型的建筑，在这繁重的苦役中，他们几乎是驾驭了超能力的一群人，疯狂地在数百年中将一件事坚持了数代，这就是神奇的时间使他们精炼出最为有效的建筑方法，当这种方法又被精神的迷狂所笼罩时，这个过程是难以想象的，而且，我们也无法设想它的后果——被震撼！

死亡大道上的娱神与自娱

特奥蒂瓦坎古城遗址坐落在墨西哥波波卡特佩尔火山和依斯塔西瓦特尔火山山坡谷底之间，面积250公顷。有一种说法称，特奥蒂瓦坎始建于1世纪末，但是目前的考古发掘工作还不能确切地肯定建城日期。据留存的建筑遗址和出土的文物判断，在5世纪达到全盛时期，在7世纪上半叶突然消亡。

古城以几何图形和象征性排列的建筑遗址及其庞大规模闻名于世，中心广场上两条大道垂直相交，3000米长、40米宽的死亡大道纵贯南北，两旁的建筑错落有致。在3000米长的街道上，每隔若干距离就修建六级台阶和一处平台。这条南北向的街道北高南低，它的坡度巧妙设定为30度，这样从北向南望去，台阶隐没在坡度差之中，看上去是一条笔直的街道。从南向北望去，街道上的台阶与3000米外月亮金字塔的台阶融为一体，好像没有尽头一样，给人以直逼云天之感。可以说它从设计到施工，每一处台阶、平台的尺寸和间隔都要经过精

特奥蒂瓦坎古城中的死亡大道

特奥蒂瓦坎的金字塔

确的计算，不能有任何偏差，即使是使用了先进仪器的现代城市建设，要做到这一点，也是颇费精力的，更何况史前先民了。

如此浩繁的工程设计，没有狂热的宗教感情是不可能的，唯有对神明的虔诚之心，才是内心力量不竭的源泉，因为它被认为是人类生存的根据，是精神的全部寄托。于是，祭祀和娱神就成为史前先民生活的核心内容。问题是这条通往天界的死亡大道被巧妙地设计成30度的坡度，到底是以谁的视角来设定的，是神吗？还是来自建筑的设计者，史前先民按照自己的理解，使宗教情感在神圣的体悟方面，得到了最大限度的升华。

死亡大道东面的太阳金字塔，现塔高65米，底部边长为南北长222米，东西宽225米，它的体积比古埃及的胡夫金字塔更大。但是两者都包含有数学圆周率的倍数，计算结果如下：

胡夫金字塔的基座每边长约230米，塔原高146.5米，周长与塔高之比为：

$230 \times 4 \div 146.5 = 6.28$

$6.28 \div 3.14 = 2$（倍）

因为太阳金字塔顶部的神庙已经坍塌，如果参考美洲玛雅古城奇琴伊察的库库尔坎金字塔，神庙的高度是6米。现在可以把太阳金字塔顶层上坍塌的太阳神庙的高度假定为6米，周长与塔高之比是：

（222+225）×2÷（65+6）=12.59

12.59÷3.14=4.01（倍）

这真是令人惊异的结果，两座史前先民所建造的金字塔的底边周长与塔的高度之比一个为2π，另一个为4π，这里对π的使用，是否暗喻了对一种偶像崇拜物为圆形的刻意表达？例如太阳，或者还有其他星球，是对其所拥有威力巨大的能量的渴求。同时也传达了巨石建筑建造者在那个时代的数学智慧。

特奥蒂瓦坎太阳金字塔的设计采取了古代印第安人视为神圣符号的五点形，即在正方形四角各置放一点，而把第五点放在代表生命的中心，使所有相互对立的力量在此合而为一。因此有人认为，太阳金字塔的建造是代表宇宙中心的。

一般学者认为，埃及的吉萨大金字塔大约是在4500年前兴建的，对于特奥蒂瓦坎城建立的年代，学者却没有一致的看法。大多认为，

特奥蒂瓦坎古城的建筑景观

这座城市兴盛于前100年到前600年之间；最近，在考古学家利用C–14对古城内的灰烬和木块进行测定的过程中，有人认为整座古城的历史年代，应比目前断定的还要早几百年；也有人认为，特奥蒂瓦坎城的崛起，时间应该更早，约在前1500年到前1000年之间。还有的学者根据地质资料，将特奥蒂瓦坎建城日期推到前4000年之前。

我们几乎无法想象人类的精神在什么样的历史层面上得到扩展，宗教在什么样的客观条件下确立人的意志！人类以神的名义强悍地确立自己在宇宙中的位置。同时也看到人性本质的脆弱，几乎承受不了精神信念破灭后的失重之轻。他们抛弃艰辛建筑的宏伟城市，重归莽莽丛林，回归文化的蒙昧状态，去等待再一次的文明启蒙。

阿兹特克人的纪年盘

人类发明的纪年法就是对曾经的文明进程和癫狂过程所做的理性记录

“艺术”的最高表现形式

导语

从对史前先民的美学意念进行一番探究得知，美感的体验是与宗教感情上的心灵体验有关，或者说是同人性中的脆弱相关联。这个过程是否是“艺术”的最高形式表现，虽没有肯定的回答，但是从现代艺术运动的崛起来看，宗教在艺术家们的心中几乎是湮灭的状态，个性自由得以最大限度的张扬，然而宗教情感特有的执着真诚是他们对待艺术、忘却生死的人生态度。站在这个角度可以说，这种状态完全改变了数千年以来艺术的功能。从某种程度上来说，它们不再具有虚饰或矫饰的作用，是个人化的、裸露的，成为直抒心灵的表现形式。单就“直抒心灵”这一特点，巨石时期建筑与现代艺术的精神内涵是完全相通的。没有人会为艺术提出一个规律，只是为艺术提供一个别样的视角。

史前先民因炽热幻想而实现的白日梦

原始人用的石质工具

从旧石器时代遗留下来的石质砍砸器，我们可以想象，人类第一次搬动石块即是为了果腹。这种与石材相伴的谋生存的方式，也许一直伴随着人类历史的发展。从用石块敲开坚果的果壳，用锋利的石刃刮下骨头上的碎肉，到用石块相互敲击，不是为了呼唤对方，而是为了欣赏敲击节奏再到用石质的工具在仙鹤腿骨上钻出孔洞，吹出如诉的声调，直到用泥土抟出埙，烧制成陶，吹出莽荒之音，这绝对不是人们单纯的自娱。人类的宗教情感几乎是与生俱来的要找到它的心理尺度——偶像，它是人类战胜因感知内心脆弱，使精神强悍的最为有效的兴奋剂。在强大精神力的作用下，其作为往往是超越现实的。

人类曾经有过怎样的阅历，我们现在并不清楚，现代的研究者更关注史前先民如何完成了超越时代的工作，他们苦苦思索。先民在直径3.5—4毫米之间，厚度为1—3毫米的石质或骨质的珠子中间却钻出1—1.5毫米的圆孔。能搞出这样细小钻孔确实惊人，而且珠子数量很多。在中国5500年前的凌家滩新石器遗址中出土的一个玉人，扁平背面，有对钻的小孔，看起来更为神奇。先民竟用直径不超过0.17毫米的钻管在玉器上打出孔径0.15毫米的微孔来，它比头发丝还要细。这是迄今发现最早的微型管钻工艺技术，就在今天的科技水平下，我们也只能用激光才能完成。这的确是一个技术课题。

现代专家们的工作，在复制这一点上费尽心机，也只能得到一个大致的神韵。就像一个蹩脚的画家临摹了一幅经典绘画，因为对一种知识的了解深度不同，只是猜测一个大致的方向，而不是靠所需的时间长短，或技术的熟练程度就可以达到的。很难说我们已经得到了远古先民的那个技术的结果，心灵的能力如果说被忽略不计，也很难说真正地懂得那个过往的文化精髓。因为狂热精神的穿透力，往往使不可能成为可能，每一个时代的计量标准不一样，在我们单纯用工艺作

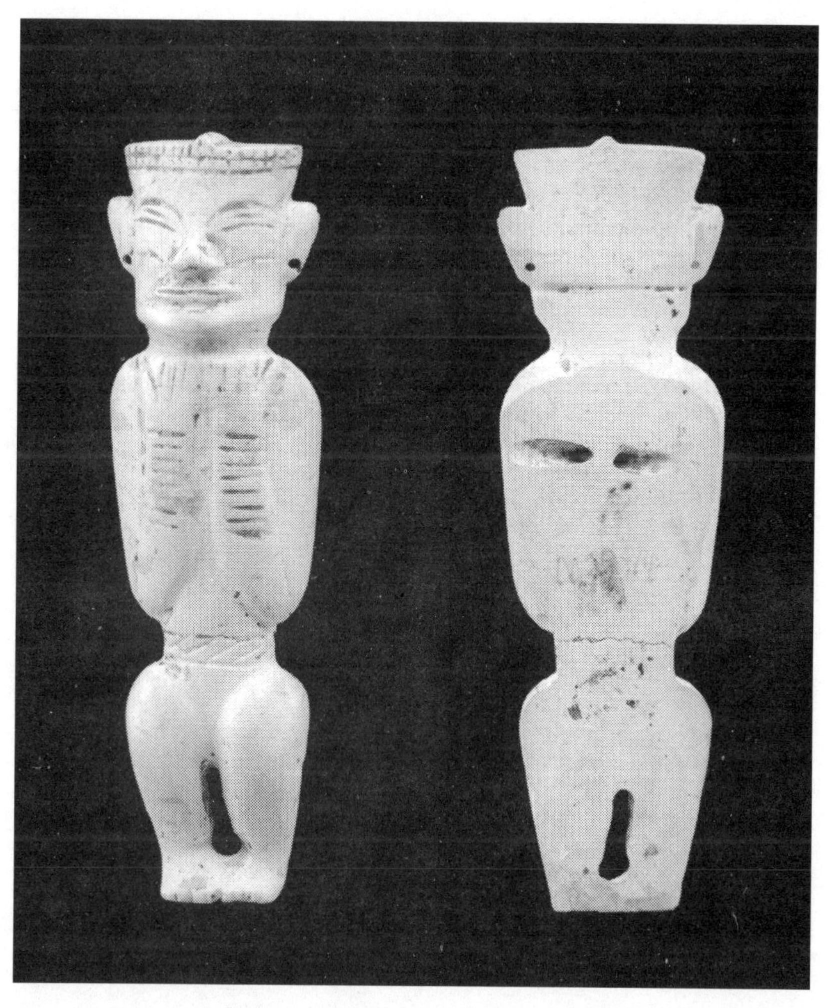

凌家滩新石器遗址中出土的玉人上细小的钻孔，到底使用了什么工艺

在凌家滩新石器遗址中至今还保留着巨石文化的遗迹。在一户农家的后院中还有斜立着的巨大石块，池塘与河道中还有残石露出水面。凌家滩新石器文化目前已知是一个高度发展的社会，巨石现象在其中起着什么样的作用，有待进一步的考证

为量化标准时，往往忽略了远古先民为之专注的精神定力，而这一点正是协调工具与人的关键所在，这一点也是我们要努力弄清的问题。这里有一个很好的比喻，当代美术史的研究人员确认17世纪荷兰画家伦勃朗只是用普通的熟油（蓖麻油）调颜料，就画出了令数代画家百思不解的绘画效果时，就更是让人百思不得其解了，**是什么赋予了他这份精彩（背景链接十）**？这一点如同我们看远古先民们的巨石文化现象。

人们如果以平视的眼光来审视狮身人面像，它的头的部分与身体的比例，和狮子的头部与身躯的比例是有差距的，人形的头部要大一些，为什么要有这样的调整？另外狮身与狮爪之间的比例也不协调，头塑造得略大，爪子就更大了。这一个接一个的疑问，都来自审美的角度，观看者在欣赏这巨大雕像时，必须要间隔一定的距离，才能得

《年轻的民主人士伦勃朗：大笑着的哲学家》

伦勃朗后期的作品大多采用厚涂法，这正是他塑造对象质感和空气感的独到手法，使画面物象具有真实性和空间效果。他先使用猪鬃笔把颜料像浮雕一样厚涂、堆砌，使笔触显现出凹凸肌理，待底层干后再用特制的较稠的油剂调上薄薄的深褐色罩染画面，使流动的稠油色剂沉积在凹凸色块的笔触肌理的缝隙里，再擦掉笔触高处的部分色层，或等待颜色干后打磨掉，仅在笔触缝隙中留下较多颜色，再次罩染时这些缝隙中留下的颜色便形成阴影，因此令笔触的立体感加强，产生极富层次的肌理美感。在画面主体亮部使用了更加厚实的颜料，肌理凹凸起伏也更有变化，其他部位用色较薄，画面根据光的强弱使轮廓线隐没在背景中。透过遍数不多的透明色层，可以清楚地看到底层的肌理，也使笔触看起来强烈和凝重，从而使质感的真实性更加强烈。整幅画处于一种虚实相间、忽隐忽现的光芒之中。

英国一家拍卖行以220万英镑的价格拍出一幅估价仅约1000英镑的伦勃朗肖像画。参加拍卖的这幅17世纪油画叫《年轻的民主人士伦勃朗：大笑着的哲学家》。画作主人自己并不确定画作的真伪，几年前送到阿姆斯特丹国立博物馆，请专家鉴定这幅画的真伪。他们表示虽然这不是伦勃朗的作品，却也创作于17世纪，是和伦勃朗同时代的人创作的。伦勃朗一生创作了一系列的自画像，好像以此影像式自传告诉人们他是谁，而人们对他心灵魔力的了解，仅着迷于对其绘画技法的深入探讨，这样一定会出现偏差的。伦勃朗正是没有将颜料颗粒细细研磨，调了胶画到了画布上，出现了闪闪发光的意外效果，给了他心灵的极大刺激，形成了一个光辉时代的文化面貌。

到最佳的欣赏效果。巨大的脚爪，可以增加它高大有力的形象，足以显示狮子威猛无敌。头颅较之狮子的要大，是因为在将近20米的高度上，如果按照真实狮子的身体比例来做，它的容颜就会显得略小，从仰视的角度看就会很不舒服，也不谐调。按照某种审美标准来看，形象很不体面。这一切真的来自4000多年前工匠们的审美经验？500年前意大利文艺复兴时期伟大的雕塑家米开朗琪罗在创作《大卫》像时，他就考虑到了观者的欣赏角度，于是在创作时把大卫的头部与身体的比例做得就有些失调，头部略大，却让人们仰视雕像时从视觉上感到很舒服。他在古代埃及人的审美观念面前只能算后生晚辈了，使人惊叹的事情远不止如此。

同样的记忆，被复制后得到的往往是风马牛不相及的结果，很

狮身人面像及远处的哈夫拉金字塔

文艺复兴中的伟大杰作会被上古先民们的艺术直觉所照亮吗？会这样吗？回答是肯定的。人类文化以什么样的状态在传递，是我们不可料想的

多时候在远古先民那里不是以数据为标准的，意会得来的是对目的把握的精准，而有可能偏离了过程中的标准。对此的唯一解释是想象力赋予创造以动力，这可以是一个惊诧后人的结果，那就是主观感情和对自我的认定方式。

石器时代的文化使人看到了心灵的伟力，众人被巫师的巫术引导着，完成了人类智慧力量的第一次爆发。而画家伦勃朗用巫术般的效果，征服着他作品的欣赏者。多年以后，现代科学很难全部解释史前文化中的“智慧”，我们同样仍然深信科学也解释不清艺术。

原始先民凭借来自心灵的直觉感悟，**可以使人性获得最有力量的释放（背景链接十一）**。

相似的“艺术”最高表现形式

从史前先民建造的巨石建筑上，还得以窥见当时人们普遍存在的心理感受，他们因为内心的脆弱而陷入一种沉迷，而这种心理机制直接导致了宗教感情的泛滥。宗教虔诚之心和它对理想国的描述，令向

荷兰籍美国画家德·库宁曾说，希望创造一个绘画空间，在此空间的滑动的表面没有固定及可辨认的事物，即称之为当代的“非外界”的无限性与迷惑感的相似物。他把器官的形体象征一种艺术符号，完全脱离了具体环境，最后构成一种纯抽象的艺术。

20世纪50年代早期，他完成了著名的妇女系列作品，这些作品以纵横交错的笔触表现了扭曲的人物形象，乖张暴戾，但充满激情。奔放、狂野的笔触，让画面充满张力。德·库宁漫长的艺术生涯都在用“自我”的宗教情感拓展“表现”。

德·库宁《女人与自行车》

德·库宁《女人与自行车》（局部）

往它的信徒在观察自然时，更加的细腻而专注，也因此致使在蒙昧的时代出现了科学的灵光。这个幽灵般的“科学灵光”，对于我们今天的科学时代，真是带有颇多迷幻的色彩！然而其中艺术的感悟却直接导致了对美学法则的运用，这方面的诸多因素，倒是很值得我们细细研究。

史前时代的人群，面对洪荒自然，时时感到精神的孤独与无助，他们很难找到人生的支点，那时虽没有出现释迦牟尼、孔子、老子与基督来指导内心的方向，但是他们有自己的自然神来护佑他们的繁衍与收获。巨石就是展示他们获得精神力的最典型表现方式。从历史的发展演化来看，用巨石建造神庙寄托精神向往，一直保留在人类文明史的各个时代。至今，宗教的圣地与巨石都有着相当紧密的联系。然而史前巨石文化应该是人类用巨石体现心灵的一个最高的形式表现。通过巨石架构的建造，显示宗教的力量，进而反映人性中从脆弱渐趋强悍的精神进程。不用过多地解读和理论，就会有深刻的直觉体验，

欧洲的巨石建筑

〔法〕罗丹 《我爱你》

这就是艺术的思维，蒙昧时代极具真理性的标志。

当艺术史翻到了人类的科学时代，我们发现艺术的思维以迅猛的速度从人类建造精神的庞大结构——宗教中剥离出来，这是一种认识的反叛，与史前先民截然不同的，是这群离经叛道的人不再需要以神明的名义规范道德、凝聚社会公理，他们更强调特立独行地解释人性本身，一反数千年来有记载的文明史所特有的虚饰或矫饰的功能。

直率地、裸露地、更加直接地、敏锐地观察，深刻地洞悉人性中的脆弱与强悍，精神的苦闷与孤寂。这就是500年前在意大利掀起文艺复兴的风潮之后，世界兴起的主流文化的直接结果，也就是现代艺术运动的兴起。虽然它只有短暂的一个世纪，却打碎人类文明所创造的许多令人炫目的辉煌灿烂的壳子！从人性的自身认识这一点来说，没有人会为艺术提出一个规律，只是为艺术提供一个别样的视角。或者说人们更青睐直抒心灵的表现形式，单就“直抒心灵”这一特点，巨石时期建筑与现代艺术的精神内涵是完全相通的，它是艺术的最高表现形式吗？

现代艺术的最高表现形式

如果说现代艺术运动发起之时，艺术家们都是尼采的信徒，这话是反映实际状况的。宗教的上帝已经不再是他们敬慕的偶像，这群桀骜不驯的艺术家不再需要以创造主的名义，深刻地体验宗教来引导他们的宗教感情，社会历史的发展使精神的视角渐趋独立，**因此我们看到了许多的反叛（背景链接十二）**，神圣的规则被蔑视，清规戒律被打破成为艺术创作的动力源之一。努力达到先验的人所具有超能力的创造性。

然而，人类精神的脆弱与强悍同样在新时代的曙光前如影随形地跟随着人类的内心世界。可以说巨石时期的史前先民因为宗教情感的发生而导致了巨石建筑的建造，同样，如此宏伟的建筑也为原始宗教的创立，找到了最有利的原始宗教的立足点！因此那些史前伟大的

我们还能读懂玛雅人这件雕像吗

奥尔梅克人在向我们展示文化的伟力

祭司们，人类的强力首领们，当人类需要英雄站出来时，他们带领众人创造了恢宏的业绩，凝聚了史前先民的精神力，归纳了浮泛的感情因素，创造了一个质朴而强悍的时代，使我们认为的不可能成为可能。当我们回顾那遥远的过往时代，是否会联想到，这一切都是因为人类内心最初的怯懦或脆弱而引发的，体会其中所包含的美学因素，成为一种奇妙的享受。

美学是因为敏感而直击心灵，感受令艺术表现样式更迭，演绎出

毕加索仍在模拟史前先民在洞穴中绘画，寻求精神信仰的力量

弗朗西斯·培根《仿委拉斯开兹〈教皇英诺森十世肖像〉的习作》

我们从它的姿势和表现中看到了孤独、歇斯底里的恐惧、痛苦和迷茫。尽管这些头部形象明显酷似人类的脸庞，但却绝不是人类，或者说绝不是人类所渴求的。富有哲学意味的是它既展现了又威胁着我们关于具体的人的形象，这究竟源自什么样的观念。这丑陋的生物是有意识的，并因此而饱受煎熬，明显地缺乏我们称之为人类精神面貌的某些特征。培根的作品具有骇人的变形、孤立的主题、恐惧和焦虑，却用光鲜的色彩进行表现。这与表现主义意欲表达的内在状态相同，延续着爱德华·蒙克开启的表现主义的道路。他对宗教形象的运用，不禁让人联想到古代传说中野性十足的暴怒场面，凸显了原始野性的生命本质和对文明发端的复杂联想，这一切都强化了发自内心深处的震撼。然而他对题材的态度受制于个人经验和内在的极度痛苦，这是一种幻灭的、兽性的恐怖感情，反映了当代都市生活的精神危机。弗朗西斯·培根说：“真正的画家不是按照事物实际存在的样子来画它们，而是根据他们对这些事物的感觉来画它们。”

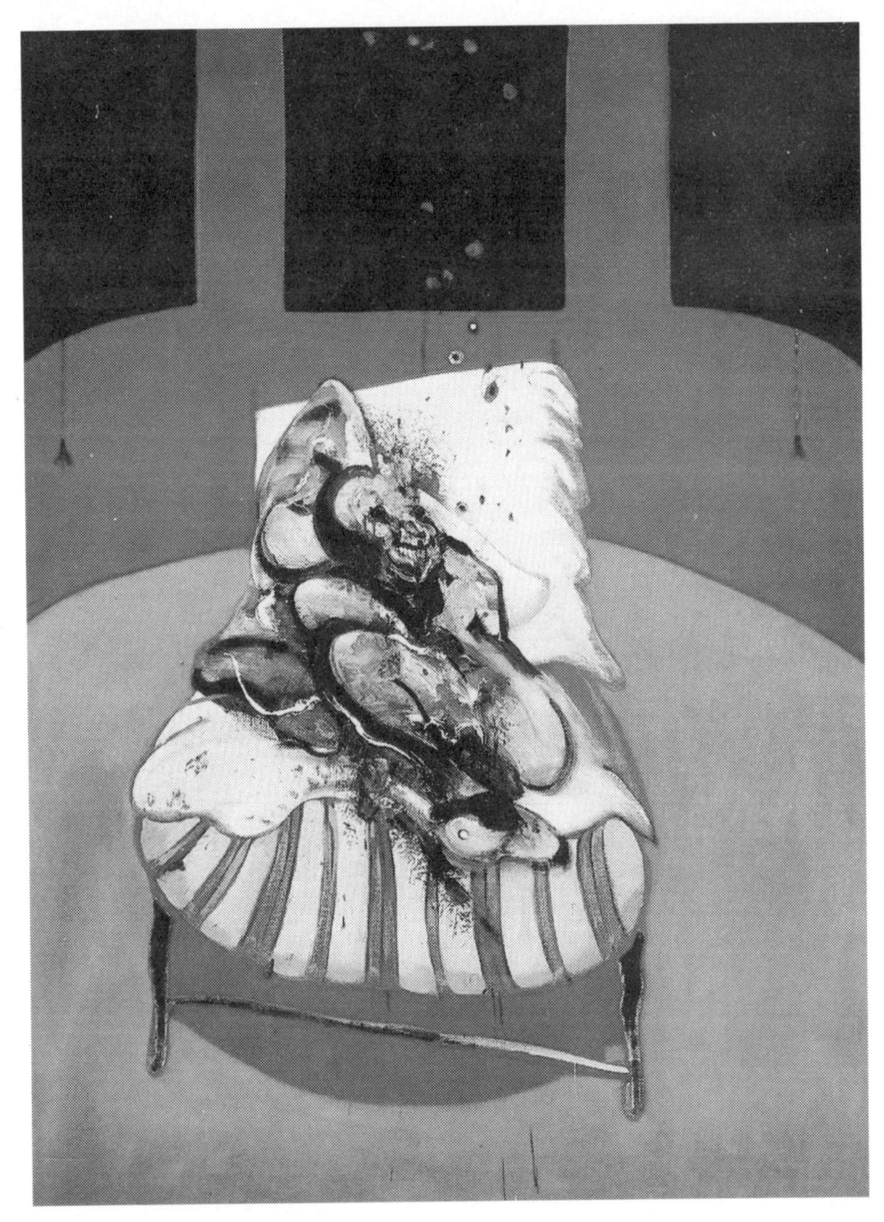

弗朗西斯·培根 《密室聚光灯下的铺陈》

人类精神意念中最深刻的反叛，就是对世界存在秩序的不认同，于是人们开始远离自己所创造的神话，可是得到的又是什么？

《两个倒置的人体》 乔治·巴塞利兹

倒立的人，是德国乔治·巴塞利兹绘画中的典型场景。他曾发展出一种颇具表现性的人物画风格，将传说中的英雄人物和神话故事中的人物在被焚毁的德国土地和风景上重现出来。巴塞利兹仍保持着对传统艺术手法的信念，他对绘画的纯粹图像因素感兴趣，而有意忽视叙事性和象征性。从1969年开始，他开始改变主题，画处于混乱世界中的人形。他经常画上下倒置的人体，在这样的画中，人物似乎在向上升，重力似乎颠倒了。而且巴塞利兹的作品很大，高达两米的水彩画在他的作品中十分常见。这一风格也成为他的典型风格。巴塞利兹说："我想绘画对象不再具有固有的重要性，所以我选择没有意义的东西……绘画客体不表达任何东西，绘画不是达到一个目的的手段，相反，绘画是自发的。"巴塞利兹坚持强调作品的形式特征——即绘画作品的个性。

美术史的视角。

现代艺术运动的骤然而至，无外乎是人类在寻求自我价值本质的一个集中体现，而它的过程一直贯穿在漫长的艺术史庞杂纷繁的现象中。消融偶像化的神圣，宗教的教条不再是宗教情感的天然支撑，人们唯一认真对待的是把宗教感情的虔诚表现为艺术的执着，利用便捷的方式给灵魂一个最直白的表达，例如脆弱与强悍，人性从两个对立方面的复合。任何被称为激情的毁灭都蜕变演绎成新的回归，为犹如“最初的脆弱”而做的创造，然而它的过程体现为强悍而独特，表达形式的变换此起彼伏，图像意义的界定愈发狭窄，这种精神一直成为数百年来西方美术史的发展轨迹。艺术家们成为一道风景，成为金钱的偶像！这个急行车道必须要有弯道减速，艺术的波普化就成了人内心精神的必然选择。

中国禅学思想的发展几乎脱离了宗教的教条，进一步演化为人的一种生活方式、一种生活状态，成为人心灵的一种独白。禅学的思考方式，无疑使艺术从“成教化，助人伦”的庙堂官府的说教中脱身出来，为人的灵魂与智慧的灵机安排了一个很好的去处。如果说这也是宗教情感的一种体现方式的话，就是在脆弱与强悍之间找到了一个平衡点。艺术在现代的最高境界就是存在状态的体现，其典型性等同于巨石文化时期先民的心理抒发。

那些远古超越时代的构想，都是来自渺如灰尘的人类奇思

参考文献

［1］（清）郝懿行．山海经笺疏．成都：巴蜀书社，1985.
［2］（西汉）刘安等．淮南子．桂林：广西师范大学出版社，2010.
［3］（秦）吕不韦．吕氏春秋．北京：中华书局，2007.
［4］（春秋）庄周．南华经．西安：三秦出版社，1995.
［5］（北魏）郦道元．水经注．北京：中华书局，2009.
［6］ 丰子恺．西洋美术史．上海：开明书店，1931.4.
［7］ 李泽厚．美的历程．北京：文物出版社，1982.2.
［8］〔法〕丹纳．傅雷译．艺术哲学．北京：人民文学出版社，1963.1.
［9］〔澳〕德西迪里厄斯·奥班恩．孙浩良等译．艺术的涵义．上海：学林出版社，1985.7.
［10］〔德〕尼采．刘崎译．悲剧的诞生．北京：作家出版社，1986.12.
［11］〔法〕罗丹口述．葛赛尔记．沈琪译．吴作人校．罗丹艺术论．北京：人民美术出版社，1978.5.
［12］〔美〕欧文·斯通．刘明毅译．渴望生活．上海：上海人民美术出版社，1982.12.
［13］〔瑞士〕H·沃尔夫林．潘耀昌译．艺术风格学．沈阳：辽宁人民出版社，1987. 8.
［14］〔英〕劳伦斯·比尼恩．孙乃修译．亚洲艺术中人的精神．沈阳：辽宁人民出版社，1988.2.

后　记

石器时代的巨石时期，史前先民在巨石上赋予了更多的信仰与认知的寄托，他们使用巨石建筑高耸的建筑，足见当时人们精神与心理是多么的强悍。坚实形状固定了一个人性张扬的时代，成为后世重要的对人艺术精神的解读。在当今时代，这个被称为“艺术”的色彩缤纷的文化现象，如何寻找到心灵上的“太阳神”，以坚定地托起巨石放置在一个理想的高度，这是一个相当重要，也十分困难的事情。艺术家们看到评论家们茫然地指出，艺术是如此的一个景观。我们这里要说：“不是为了别的，认知方式的确认至关重要。”

中国辽宁的远古石棚遗址

图书在版编目（CIP）数据

巨石文化：精神与诠释 / 段守虹著. —西安：陕西人民美术出版社，2013.5
（解读艺术的秘密）
ISBN 978-7-5368-3006-6

Ⅰ. ①巨… Ⅱ. ①段… Ⅲ. ①石－文化史－世界－上古 Ⅳ. ①TS933-091

中国版本图书馆CIP数据核字(2013)第112682号

解读艺术的秘密
巨石文化：精神与诠释
段守虹 著

陕西出版传媒集团
陕西人民美術出版社 出版发行
出版人：李晓明

新华书店经销 西安新华印务有限公司印刷
700毫米×1000毫米 16开本 7.75印张 100千字
2013年5月第1版 2014年5月第1次印刷

ISBN 978-7-5368-3006-6
定价：25.00元

地址：西安市北大街147号 邮编：710003
http://www.mscbs.cn
发行电话：029-87262491 传真：029-87265112